"十三五"职业教育国家规划教材
高等职业教育建筑产业化系列教材

装配式混凝土建筑施工

（第二版）

钟振宇　单奇峰　编著

科学出版社
北京

内 容 简 介

装配式混凝土建筑正成为我国建筑业转型升级的一个方向，其节省人力、质量可靠、施工周期短等特点受到业内的认可，未来必将成为建筑行业的主流。

本书共分为5个模块。模块1介绍建筑工业化的特点以及装配式建筑一般知识；模块2对预制构件工厂生产进行全面阐述；模块3介绍施工前的准备工作，特别细述各机具布置；模块4介绍装配式建筑现场施工的核心内容；模块5讲述装配式装修。

本书深入浅出，系统全面，配备了实践项目、习题、图片、视频，非常适合作为高校装配式建筑相关课程的教材，也可作为工程技术人员的参考用书。

图书在版编目（CIP）数据

装配式混凝土建筑施工/钟振宇，单奇峰编著.—2版.—北京：科学出版社，2021.11

（“十三五”职业教育国家规划教材·高等职业教育建筑产业化系列教材）

ISBN 978-7-03-070207-4

Ⅰ.①装…　Ⅱ.①钟…　②单…　Ⅲ.①装配式混凝土结构-混凝土施工-高等职业教育-教材　Ⅳ.①TU755

中国版本图书馆CIP数据核字（2021）第214980号

责任编辑：万瑞达 / 责任校对：马英菊

责任印制：吕春珉 / 封面设计：曹　来

科学出版社出版

北京东黄城根北街16号

邮政编码：100717

http://www.sciencep.com

三河市骏杰印刷有限公司印刷

科学出版社发行　各地新华书店经销

*

2018年3月第　一　版　开本：787×1092　1/16

2021年11月第　二　版　印张：11 1/2

2021年11月第十三次印刷　字数：256 000

定价：49.80元

（如有印装质量问题，我社负责调换〈骏杰〉）

销售部电话 010-62136230　编辑部电话 010-62130874（VA03）

第二版前言

本书第一版于2018年出版发行，在这三年中装配式建筑快速发展。根据2020年统计数据，全国新开工装配式建筑共计6.3亿m^2，占新建建筑面积的比例约为20.5%，完成了《"十三五"装配式建筑行动方案》确定的到2020年达到15%以上的工作目标。2021年，全国新开工装配式建筑7.4亿m^2，较2020年增长17.5%，占新建建筑面积的比例为24.5%，从结构形式看，新开工装配式混凝土结构建筑4.9亿m^2，较2020年增长59.3%，占新开工装配式建筑的比例为66.2%。

随着政策驱动和市场内生动力的增强，装配式建筑相关产业发展迅速。截至2020年，全国共创建国家级装配式建筑产业基地328个，省级产业基地908个。在装配式建筑产业链中，构件生产、装配化装修成为新的亮点。构件生产产能和产能利用率进一步提高，全年装配化装修面积较2019年增长58.7%。

装配式建筑产业快速发展促使技术水平快速提升，全国各地与装配式建筑相关的规范标准也有了快速发展。因此本书的修订主要从以下五方面进行考虑。

（1）增加课程思政内容。根据立德树人的根本要求，专业课融入思政元素以达到育人授业的目标。书中在每个模块的教学目标中加入了价值目标，融入爱国主义教育、吃苦耐劳的劳动精神、精益求精的匠人情怀、绿色节能的环保理念。

（2）修订与现行规范相抵触的地方。近年来，装配式建设领域的工程标准更新变化较快，因此本次内容更新中修正了一些与规范不一致的表述。例如，模块1中关于装配率计算部分根据《装配式建筑评价标准》做了彻底改写。

（3）鉴于对装配式建筑设计、施工、装修一体化考虑，模块5改为装配式装修。近年来，装配式装修已经在装配式建筑中占据较大份额，而且技术进一步成熟，涉入厂家逐渐增多，为模块5撰写提供了条件。

（4）继续完善教学视频里的内容。在本次修订中，编写团队组织了第二次课程视频拍摄，涵盖了教材全部内容，为线上、线下混合式

装配式混凝土建筑施工图识读（一）

装配式混凝土建筑施工图识读（二）

装配式混凝土建筑施工图识读（三）

装配式混凝土建筑施工图识读（四）

装配式混凝土建筑施工图识读（五）

教学打下了基础。

（5）对使用过程中存在的问题也进行了一些调整。例如，鉴于墙板施工的类似性，将外墙板和内墙板施工内容进行了合并；又如，模块4结合现行规范加入了质量检验和安全管理的内容。

与第一版一致，本书内容分成五个模块，每个模块融入了课程教学视频和阅读资料（登录网站 www.abook.cn，下载阅读资料）等教学资源，同时还加入了小结、习题和实践内容。本次修订根据内容变化对习题进行了增减。

本书内容可以按照64学时安排，也可以配合“装配式混凝土建筑构造”课程一起学习。本书内容已纳入线上课程“装配式混凝土建筑构造与施工”，课程上线于中国大学慕课和智慧树两个平台，课程内容与本书相对应，读者可以结合本书进行线上学习。

本书推荐学时安排见下表。

内容	推荐学时	
	理论教学	实践教学
模块1	4	0
模块2	10	4
模块3	12	4
模块4	14	4
模块5	8	4
总计	48	16
	64	

为了便于学习，本书编写团队录制了装配式混凝土建筑施工图识读的相关视频，是学习本课程内容的基础，读者可通过扫描左侧对应二维码观看学习。

本书由浙江工业职业技术学院教师团队编写，具体编写分工如下：模块1由钟振宇编写，模块2由吕燕霞编写，模块3由周何铤编写，模块4由单奇峰和甘静艳编写，模块5由钟振宇和李亚编写。全书由钟振宇统稿。

在第一版基础上，华汇工程设计集团股份有限公司、浙江宝业建设集团有限公司、浙江精工绿筑住宅科技有限公司等企业为本书的修订提供了丰富资料。第二版出版得益于学校、科学出版社、企业的共同努力，对他们的付出深表感谢！

编　者

2021年5月

第一版前言

最新案例表明，一栋30层的高楼，应用装配式建筑施工技术，12个工人最快只需要180天就可以建成。此效率是惊人的，如果采用传统建造方式，将是很难想象的。

“装配式建筑”是2017年建筑业最为热门的词汇之一。2017年3月，住房和城乡建设部连续印发了《“十三五”装配式建筑行动方案》《装配式建筑示范城市管理办法》《装配式建筑产业基地管理办法》三个文件，这更加助力了装配式建筑的发展。目前，全国已有30多个省市出台了针对装配式建筑及建筑产业现代化发展的指导意见和相关配套措施，很多省市更是对建筑产业化的发展提出了明确要求。国家层面更是提出：到2020年，装配式建筑占新建建筑的比例要达到15%，从而为装配式建筑的发展提供了政策支持。随着装配式建筑的发展为行业带来新气象，建筑行业或将面临洗牌和重构。

职业教育培养的人才必须面对市场需求，而作为人才培养的摇篮，各院校更应该基于行业需求来培养优秀毕业生，因此各院校已经将装配式建筑系列课程的开设提上了日程。目前，我国装配式建筑还处于初期发展阶段，标准众多、厂商众多，市场鱼龙混杂，许多技术并不成熟，一些体系还有待于检验，这给本书编写带来了一定的困难。一套适合的教材是建立在课程标准基础上的，也是建设课程资源的基础。为此，科学出版社协同高等院校、装配式建筑主流厂商、数字媒体企业等联合开发装配式混凝土建筑相关课程教材，同时配备了数字媒体资源，另外，同系列教材《装配式混凝土建筑构造》采用了最新AR技术，在学习本书时可配套使用。本系列教材系统全面，内容深入浅出，方便学生全面掌握市场上主流装配式施工技术。

本书分为五个模块，主要包括绪论、预制构件的加工与制作、施工前准备工作、装配整体式结构工程施工和装配式建筑附件施工，主要内容力求涵盖现有主流装配式混凝土建筑体系。为了方便教学，本书还配有二维码资源链接，模块后附有小结、实践及习题，各学校可以根据实际情况选择。

本书推荐学时安排如下。

<table>
<tr><th rowspan="2">内容</th><th colspan="2">推荐学时</th></tr>
<tr><th>理论教学</th><th>实践教学</th></tr>
<tr><td>模块1</td><td>4</td><td>0</td></tr>
<tr><td>模块2</td><td>10</td><td>4</td></tr>
<tr><td>模块3</td><td>12</td><td>4</td></tr>
<tr><td>模块4</td><td>16</td><td>4</td></tr>
<tr><td>模块5</td><td>8</td><td>4</td></tr>
<tr><td rowspan="2">总计</td><td>50</td><td>16</td></tr>
<tr><td colspan="2">66</td></tr>
</table>

本书编写分工如下：模块 1 由浙江工业职业技术学院钟振宇编写，模块 2 由吕燕霞编写，模块 3 由周何铤编写，模块 4 由甘静艳和钟振宇编写，模块 5 由李亚和钟振宇编写，全书由钟振宇统稿。

在本书的编写过程中，编者参阅了大量文献资料，特别是工程案例，并走访了全国范围内十多个工程项目。在此，一并向相关作者、建筑企业、媒体企业表示感谢。

由于编者水平有限，本书难免存在不足和疏漏之处，敬请各位读者批评指正。

编　者

2017 年 7 月

目录

模块 1 绪论……001

1.1 建筑工业化特点……002

1.1.1 标准化设计……002

1.1.2 工厂化生产……003

1.1.3 装配化施工……003

1.1.4 一体化装修……004

1.1.5 信息化管理……004

1.2 装配式建筑评价指标……004

1.3 装配式混凝土建筑工程标准……006

1.4 本课程主要内容与学习方法……007

小结……008

习题……008

模块 2 预制构件的加工与制作……010

2.1 预制构件工厂生产流程……010

2.1.1 预制构件生产方法……012

2.1.2 预制构件制作生产模具的组装……015

2.1.3 预制构件钢筋骨架、钢筋网片和预埋件……016

2.1.4 预制构件混凝土的浇筑……016

2.1.5 预制构件混凝土的养护……016

2.1.6 预制构件的脱模与表面修补……017

2.2 梁、柱制作……017

2.2.1 预制混凝土梁……018

2.2.2 预制混凝土柱……019

2.3 墙板制作……021

2.3.1 台座法……021

2.3.2 平模流水线法……025

2.3.3 成组立模法……026
2.3.4 外墙板饰面做法……028
2.4 预制楼梯制作……029
2.5 质量检验……032
2.5.1 原材料检验……032
2.5.2 隐蔽工程检验……033
2.5.3 成品检验……033
小结……036
习题……037

模块3 施工前准备工作……039
3.1 施工平面布置……040
3.1.1 起重机械布置……040
3.1.2 运输道路布置……045
3.1.3 预制构件和材料堆放区布置……046
3.2 起重机械配置……049
3.2.1 起重机械的类型……049
3.2.2 配置要求……052
3.3 索具、吊具和机具的配置……053
3.3.1 索具……053
3.3.2 吊具……057
3.3.3 机具……061
3.4 施工工具的配置……063
3.4.1 灌浆工具……064
3.4.2 模板和支撑……065
3.5 构件与材料的准备……067
3.5.1 构件的运输、进场检验和存放……068
3.5.2 材料的准备……073
3.6 其他准备工作……078
3.6.1 技术资料准备……078
3.6.2 人员准备……078
3.6.3 工艺准备……079
3.6.4 季节性施工和安全措施准备……080
小结……080
习题……085

模块 4 装配整体式混凝土结构工程施工 …… 087
4.1 施工流程 …… 088
4.1.1 装配整体式框架结构的施工流程 …… 088
4.1.2 装配整体式剪力墙结构的施工流程 …… 089
4.1.3 装配整体式框架剪力墙结构的施工流程 …… 090
4.2 构件放样定位 …… 091
4.3 预制构件安装 …… 093
4.3.1 预制框架柱安装 …… 093
4.3.2 预制梁安装 …… 097
4.3.3 预制墙板安装 …… 099
4.3.4 接缝与防水施工 …… 103
4.3.5 叠合板安装 …… 106
4.3.6 阳台板与空调板安装 …… 110
4.3.7 预制楼梯安装 …… 112
4.4 钢筋套筒灌浆连接 …… 115
4.4.1 概述 …… 115
4.4.2 施工工艺 …… 115
4.5 钢筋绑扎与墙、柱模板安装 …… 117
4.5.1 钢筋绑扎 …… 117
4.5.2 墙、柱模板安装 …… 118
4.6 管线预留预埋 …… 120
4.6.1 概述 …… 120
4.6.2 水暖工程安装洞口预留 …… 121
4.6.3 电气工程安装预留预埋 …… 121
4.6.4 整体卫浴安装预留、预埋 …… 122
4.7 混凝土浇筑施工 …… 123
4.8 质量控制 …… 127
4.8.1 概述 …… 127
4.8.2 主控项目 …… 128
4.8.3 一般项目 …… 131
4.9 安全管理 …… 132
4.9.1 概述 …… 132
4.9.2 构件运输安全管理 …… 133
4.9.3 构件吊装安全管理 …… 133
4.9.4 支撑体系安全管理 …… 134
4.9.5 高空作业安全管理 …… 134

小结……136
习题……137

模块5 装配式装修……139
5.1 概述……139
5.1.1 装配式装修概念及特征……139
5.1.2 装配式装修的发展状况……142
5.1.3 装配式装修的优势……145
5.1.4 部品、部件、配件和材料……147
5.2 隔墙部品施工……148
5.2.1 骨架式隔墙施工……148
5.2.2 活动式隔墙施工……150
5.2.3 玻璃隔墙施工……151
5.3 装配式吊顶部品施工……153
5.3.1 吊顶部品构成……153
5.3.2 吊顶部品安装……154
5.4 装配式架空地面部品施工……159
5.4.1 部品构成……159
5.4.2 主要特点……160
5.4.3 施工前准备……161
5.4.4 施工流程……162
5.4.5 注意事项……163
5.5 集成卫浴部品施工……163
5.5.1 部品构成……164
5.5.2 部品特点……165
5.5.3 施工流程……165
5.6 集成厨房部品施工……168
5.6.1 部品构成……168
5.6.2 部品特点……169
5.6.3 施工流程……169
小结……170
习题……171

习题参考答案……173
参考文献……174

模块1 绪 论

课程介绍

装配式混凝土建筑施工预备知识

教学PPT

价值目标

1. 树立绿色环保概念。
2. 通过政策的了解，明确调查研究的重要性。
3. 提升课程学习的能动性。

知识目标

1. 熟悉建筑工业化特点。
2. 掌握装配式建筑评价指标。
3. 掌握课程特点和学习方法。

能力目标

1. 能够计算装配式建筑预制率和装配率。
2. 能通过本书和课外资料进行自学。

知识导引

建筑业是我国国民经济的主要产业，在改革开放以来的发展历程中，建筑业对经济增长的贡献是巨大的。在学习“装配式混凝土建筑施工”这门课程之前，同学们已经学过“建筑施工技术”这门课程，也系统了解了建筑施工的各个环节和主要施工工艺，同时也接触了单层厂房等装配式结构。

与其他工业相比，建筑业一直处于技术的洼地，半手工、半机械作业仍旧是目前行业技术水准。这固然与建筑物体型庞大、造型多样化有关，但总体来说影响了行业劳动生产率的提高，在一定程度上也影响了建筑物质量的控制。

自工业革命以来，人们一直希望可以依托机器生产，成批、成套地建造房屋。装配式建筑的出现，为这种生产方式提供了可能，通过这种建筑方式，只要把预制好的房屋构件运到施工现场按标准要求装配即可。

装配式建筑种类很多，按材料可以分为装配式混凝土建筑、装配式金属结构建筑和装配式竹木结构建筑。此外，还有混合材料结构，如钢木结构。本模块主要介绍装配式混凝土建筑结构及其施工的特点和分类，同时就如何学好本课程给出建议及要求。

1.1 建筑工业化特点

自工业革命以来，大工业生产与手工作坊生产有何不同？

建筑工业化概述
（教学视频）

装配式建筑相较于传统现浇建筑的最大区别在于，大量的建筑部品在预制生产车间（图1.1.1）内生产加工完成，因此施工现场装配作业量大，现浇作业大大减少；并且由于建筑、装修一体化设计、施工，因此装修可随主体施工同步进行。一般来说，建筑工业化生产有以下5个特点。

图1.1.1　预制生产车间

1.1.1　标准化设计

建立标准化的单元是标准化设计的核心。不同于早期标准化设计中仅是某一方面的标准图集或模数化设计，建筑信息化模型（building information modeling，BIM）技术的应用，既受益于信息化的运用，原有的局限性被其强大的信息共享、协同工作能力所突破，更利于建立标准化的单元，实现建造过程中的重复使用。

国际上许多工业化程度高的发达国家都曾开发出各种装配式建筑专用体系，如英国的L型墙板体系、法国的预应力装配框架体系、德国的预制空心模板墙体系、美国的预制装配停车楼体系、日本的多层装配式集合住宅体系等。我国的装配式混凝土单层工业厂房及住宅用大板建筑等也都属于专用结构体系范畴。

1.1.2 工厂化生产

预制构件生产是建筑工业化的主要环节。目前，最为火热的“工厂化”解决的根本问题，其实是主体结构的工厂化生产。传统施工中，误差只能控制在厘米级，比如门窗，每层尺寸各不相同，这是导致主体结构精度难以保证的关键因素。另外，传统施工中主体结构施工还是过度依赖一线建筑工人；传统施工方式给施工现场造成的影响是产生大量建筑垃圾、造成材料浪费、破坏环境等；更为关键的是，不利于现场质量控制。这些问题均可通过主体结构的工厂化生产得以解决，实现毫米级误差控制及装修部品的标准化。

1.1.3 装配化施工

装配化施工有两个核心层面，即施工技术和施工管理，均与传统现浇有所区别，特别是在施工管理层面。装配化施工强调建筑工业化，即工业化的运行模式。相比于传统的层层分包的模式而言，建筑工业化更提倡工程总承包（engineering procurement construction，EPC）模式。通过EPC模式，可将技术固化下来，形成集成技术，实现全过程的资源优化。确切地说，EPC模式是建筑工业化初级阶段主要倡导的一种模式。作为一体化模式，EPC模式实现了设计、生产、施工的一体化，从而使项目设计方案更优化，有利于实现建造过程的资源整合、技术集成及效益最大化，促进建筑产业化过程中生产方式的转变。图1.1.2为装配式建筑施工现场。

图1.1.2 装配式建筑施工现场

图1.1.3　整体卫浴间

1.1.4　一体化装修

从设计阶段开始，到构件的生产、制作与装配化施工，装配式建筑通过一体化的模式来实现。其实现了构件与主体结构的一体化，而不是在毛坯房交工后再进行装修。装配化施工中，建筑部品均已预留了各种管线和装饰材料安装设置的空间，为装修施工提供了方便。有些部品，在工厂预制阶段就已经直接安装好了相应设施，如图1.1.3所示的整体卫浴间。

1.1.5　信息化管理

信息化管理，即建筑全过程的信息优化。在初始设计阶段便建立信息模型，之后各专业采用信息平台协同作业，图纸在进入工厂后再次进行优化处理，装配阶段也需要进行施工过程的模拟。可以说，信息技术的广泛应用会集成各种优势并使之形成互补，使建设逐步朝着标准化和集约化的方向发展，加上信息的开放性，可调动人们的积极性并促使工程建设各阶段、各专业主体之间共享信息资源，避免很多不必要的问题，有效避免各行业、各专业间不协调的问题，加速工期进程，从而有效解决设计与施工脱节、部品与建造技术脱节等中间环节问题，提高效率并充分发挥新型建筑工业化的特点及优势。

1.2　装配式建筑评价指标

任何建筑都有现浇部分和装配部分，如何判断一栋建筑物是否属于装配式建筑？

装配式混凝土建筑相对于主体结构为现场浇筑的混凝土建筑而言，其承重墙体、柱、梁、楼板等主体结构、围护结构以及内部装饰部品、设备管线等都是在工厂预制，在施工现场装配，实现了建造方式的转型，提高了工程质量和效率。

目前，装配式建筑企业享受国家和地方优惠政策，因此如何评价一栋建筑为装配式建筑是必须要解决的问题。近年来，国家和地方都出台了一些装配式建筑的评价标准，我们要遵循的标准是住房和城乡建设部发布的《装配式建筑评价标准》（GB/T 51129—2017）。该标准体现了现阶段装配式建筑的重点推进方向：①主体结构由预制部品部件的应用向建筑各系统集成转变；②装饰装修与主体结构的一体化发展；③部品部件的标准化应用和产品集成。下面结合《装配式建筑评价标准》（GB/T 51129—2017）来讲述如何对装配式建筑的装配程度进行评价。

装配率计算和装配式建筑等级评价应以单体建筑为计算和评价单元，并要符合以下三条规定：①单体建筑应按项目规划批准文件的建筑编号确认；②建筑由主楼和裙房组成时，主楼和裙房可按不同单体建筑进行计算和评价；③单体建筑的层数不大于3层，且地上建筑面积不超过500m^2时，可由多个单体建筑组成建筑组团作为计算和评价单元。

装配式建筑评价分为项目预评价和评价。设计阶段宜进行预评价，并应按设计文件计算装配率。项目预评价一般是在设计阶段完成后进行的，主要目的是促进装配式建筑设计理念尽早融入到项目实施中。项目评价应在项目竣工验收后进行，并应按竣工验收资料计算装配率和确定评价等级。

《装配式建筑评价标准》（GB/T 51129—2017）规定，建筑物要符合以下要求才能称为装配式建筑：

（1）主体结构部分的评价分值不低于20分；

（2）围护墙和内隔墙部分的评价分值不低于10分；

（3）采用全装修；

（4）装配率不低于50%。

当评价项目为装配式建筑并且主体结构竖向构件中预制部品部件的应用比例不低于35%时，可以进行装配式建筑等级评价。装配式建筑评价等级划分为A级、AA级、AAA级。装配率为60%～75%时，评价为A级装配式建筑；装配率为76%～90%时，评价为AA级装配式建筑；装配率为91%及以上时，评价为AAA级装配式建筑。

装配率应根据表1.2.1中评价项分值按下式计算：

$$P=\frac{Q_1+Q_2+Q_3}{100-Q_4}\times 100\%$$

式中：P——装配率；

Q_1——主体结构指标实际得分值；

Q_2——围护墙和内隔墙指标实际得分值；

Q_3——装修和设备管线指标实际得分值；

Q_4——评价项目中缺少的评价项分值总和。

表1.2.1　装配式建筑评分表

评价项		评价要求	评价分值	最低分值
主体结构（50分）	柱、支撑、承重墙、延性墙板等竖向构件	35%≤比例≤80%	20～30*	20
	梁、板、楼梯、阳台、空调板等构件	70%≤比例≤80%	10～20*	
围护墙和内隔墙（20分）	非承重围护墙非砌筑	比例≥80%	5	10
	围护墙与保温、隔热、装饰一体化	50%≤比例≤80%	2～5*	
	内隔墙非砌筑	比例≥50%	5	
	内隔墙与管线、装修一体化	50%≤比例≤80%	2～5*	
装修和设备管线（30分）	全装修	—	6	6
	干式工法楼面、地面	比例≥70%	6	—
	集成厨房	70%≤比例≤90%	3～6*	
	集成卫生间	70%≤比例≤90%	3～6*	
	管线分离	50%≤比例≤70%	4～6*	

注：表格中带“*”项的分值采用“内插法”计算，计算结果取小数点后1位。

装配式建筑各个部件采用不同计量方式（长度、面积）来进行部件装配率百分比计算，具体公式详见《装配式建筑评价标准》（GB/T 51129—2017）中4.0.2～4.0.13。

装配式建筑是一项系统工程，包含了主体结构、围护结构、装修和设备管线等，综合集成贯穿于项目实施的整个过程，因此评价涉及工程项目的各个部分。同时要注意的是，装配式建筑符合国家法律法规和有关标准是装配式建筑评价的前提条件。

1.3 装配式混凝土建筑工程标准

装配式建筑施工技术标准（教学视频）

目前，我国在装配式建筑方面的工程建设标准在陆续发布。一些标准是专门针对装配式建筑设计的，如《装配式混凝土结构技术规程》（JGJ 1—2014）；有些标准则是部分内容涉及装配式混凝土建筑，如《混凝土结构设计规范（2015年版）》（GB 50010—2010）。改革开放初期是装配式结构应用的高潮时期，国家标准《预制混凝土构件质量检验评定标准》（GBJ 321—1990）①、行业标准《装配式大板居住建筑设计和施工规程》（JGJ 1—1991）②以及协会标准《钢筋混凝土装

① 现已废止，被《混凝土结构工程施工质量验收规范》（GB 50204—2015）替代。

② 现已废止，被《装配式混凝土结构技术规程》（JGJ 1—2014）替代。

配整体式框架节点与连接设计规程》（CECS 43—1992）等相继出台。近几年来，随着国民经济的快速发展、工业化与城市化进程的加快、劳动力成本的不断增长，我国在装配式结构方面的研究与应用逐渐加快。一些地方政府积极推进，一些企业积极响应，开展相关技术的研究与应用，并形成了良好的发展态势。特别是为了满足我国装配式结构工程应用的需求，相关单位组织编制和修订了国家标准《装配式建筑评价标准》（GB/T 51129—2017）、行业标准《装配式混凝土结构技术规程》（JGJ 1—2014）、产品标准《钢筋连接用套筒灌浆料》（JG/T 408—2019）等，北京、上海、深圳、辽宁、黑龙江、安徽、江苏、福建等省市也陆续编制了相关的地方标准。

目前，装配式混凝土结构参考使用的标准主要有《装配式混凝土结构技术规程》（JGJ 1—2014）、《装配式混凝土建筑技术标准》（GB/T 51231—2016）等。

1.4 本课程主要内容与学习方法

在学习本课程前，应先学习“装配式混凝土建筑构造”课程，构造内容是学习本课程的基础。本课程内容包括5个模块，按装配式混凝土建筑构件制作与安装顺序进行编排。

本书的模块1介绍建筑工业化特点和装配式混凝土建筑的评价指标、工程标准；模块2介绍预制构件的加工与制作；模块3介绍施工前的准备工作，包括机具和材料的选择和使用等；模块4介绍主体结构的施工工艺和质量控制，这是本书的重点内容；模块5介绍装配式装修。

由于装配式建筑种类众多，并且在我国还处于发展时期，会随着建筑数字化建造技术的发展而发展，因此本课程的学习有别于其他课程，学习中主要注意以下三点：

（1）多动脑是关键。装配式建筑是建筑工业化的需求，是行业发展的趋势，装配式建筑从产生到发展，各阶段存在着很多问题。应带着问题来学习，思考并尝试提出解决问题的方法。本课程中提出的施工工艺和质量控制点就是在总结问题的基础上产生的，因此勤于思考是学好本课程的关键所在。

（2）注重实践。本课程实践性较强，许多内容来自于实际工程项目。在土建施工类课程中，教材内容和课堂讲授并不会给学生留下很深的印象，因此除了课堂教学外，让学生实际观察并领会学习内容就显得十分重要。教师可以组织学生到施工一线参观，有条件的学校还可以建立VR虚拟仿真实训室让学生感受实际施工场景。除此之外，还可以通过本书视频和同系列教材《装配式混凝土建筑构造》中的AR资源使学生深入了解其中的内容。

（3）提高自学能力。如前所述，装配式建筑是在不断发展的，教材的知识只起到抛砖引玉的作用，要真正学习透彻，还需要从互联网、工程项目或学术文献中学习新的知识。获取知识、学习知识、整理和归纳知识的能力也是面对科技发展所应具备的。

学习参考

登录www.abook.cn网站，搜索本书，下载相关学习参考资料。

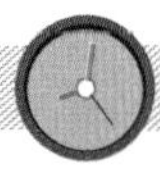

小　结

推行建筑工业化是建筑业转型升级的要求，建筑工业化有设计标准化、工厂化预制生产、专业化施工、一体化装修、信息化管理等五大特点。装配式建筑的评价在推广装配式建筑中有极其重要的作用，建筑物符合四项规定才能称为装配式建筑。本书内容广泛，学习中要注重课内外有机结合。

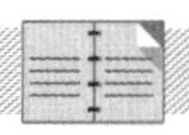

习　题

1．建筑工业化的核心问题是（　　）。

A．提高生产效率　　B．工厂化预制生产

C．装配化施工　　D．信息化管理

2．下面项目实施符合建筑工业化发展要求的是（　　）。

A．单体项目进行结构装配式分拆设计

B．大型体育馆项目混凝土结构构件定型化车间生产

C．某地区建设主管部门对区域所有安置房构件进行标准化设计，成批量生产

D．某装配式住宅项目设计、施工、装修采用不同单位承包模式

3. 下面不属于建筑部品的是（　　）。

A. 门窗　　B. 内隔墙　　C. 厨房　　D. 家具

4. 下面预制构部件中不属于预制率计算范围的是（　　）。

A. 预制承重墙　　B. 钢梁　　C. 预制护栏　　D. 集成式厨房

5. 最新《装配式建筑评价标准》是在（　　）年颁布的。

A. 2014　　B. 2016　　C. 2017　　D. 2019

6. 关于装配率计算，以下描述正确的是（　　）。

A. 装饰装修部分不计入装配式建筑装配率计算

B. 建筑由主楼和裙房组成时，必须以单体建筑进行计算和评价

C. 装配式建筑评价分为项目预评价和评价

D. 主体结构部分的评价分值不低于20分的毛坯房即可认定为装配式建筑

7. 装配式建筑评价为（　　）个等级。

A. 3　　B. 4　　C. 5　　D. 6

8. 关于装配率，以下各评价项描述正确的是（　　）。

A. 主体结构占比50%

B. 装修和设备管线占比20%

C. 柱、支撑、承重墙、延性墙板等竖向构件评价比例30%，得分20分

D. 内隔墙非砌筑评价比例40%，得分5分

模块2 预制构件的加工与制作

教学PPT

价值目标

1. 树立全员质量意识。
2. 培养精益求精的工匠精神。

知识目标

1. 熟悉预制构件的加工与制作方法。
2. 掌握预制构件的加工与制作流程。
3. 了解预制构件质量检验的主要内容。

能力目标

1. 能够监督预制构件的加工与制作过程。
2. 能够进行预制构件的质量验收和记录。

知识导引

装配式混凝土建筑的基本构件主要包括预制梁、柱、墙板和楼梯等。我们可以把梁、柱、墙板和楼梯等事先做好的构件想象成一块块积木，在施工现场按设计要求及标准规范把它们拼装在一起即可。与搭积木一样，先将部分或所有构件在工厂预制完成，然后运到施工现场进行组装。

本模块主要阐述预制梁、柱、墙板和楼梯的制作工艺，并对其质量检验的具体要求进行说明。

2.1 预制构件工厂生产流程

在装配式建筑施工中，采用预制构件有什么优势？对项目的造价具体有哪些影响？

预制工厂生产流程（教学视频）

预制构件生产应在工厂或符合条件的现场进行。目前，工厂预制应用更为广泛，原因是：相对于现场施工作业，工厂生产可改善作业条件，提高生产效率、产品质量；在工厂生产条件下，通过对相关人员进行培训能够解决在施工行业中技术工人短缺的问题；在标准或大批次预制构件生产中可使用钢模具，以确保预制构件的尺寸精度；工厂预制可以满足特殊混凝土构件的生产质量需求；只有在工厂生产制作才可能生产出具有建筑纹理和色彩的混凝土构件，特别是对于建筑外墙板设计；工厂生产使机械化和自动化的应用成为可能，从而在最大限度上降低必要工作时间。

然而，运输费用是预制构件工厂需要考虑的成本之一，其可限制预制构件的使用区域半径，进而限制预制构件厂的潜在市场范围及其规模。但是，这并不是发展障碍，因为现如今在经济发达地区周边，多有预制混凝土构件厂。

预制构件的尺寸主要受运输条件的限制，也受单个构件的吊装重量的影响。预制生产时的目标是制作尺寸尽可能大，因为对每个预制单元进行分部制作将会使工厂和施工现场的组装工作加倍。预制构件的品质性能要求越高，如其本身包括的装饰部品（门、窗或在墙板中已安装的建筑部品）越多，或其本身需要实现的功能要求（预制外墙板构件集承载、保温、隔热和建筑装饰功能于一体）越高，则运输费用所占的成本比率就越低。预制构件的尺寸宜按下述规定采用：

（1）预制框架柱的高度尺寸宜按建筑层高确定；

（2）预制梁的长度尺寸宜按轴网尺寸确定；

（3）预制剪力墙板的高度尺寸宜按建筑层高确定，宽度尺寸宜按建筑开间和进深尺寸确定；

（4）预制楼板的长度尺寸宜按轴网或建筑开间、进深尺寸确定，宽度尺寸不宜大于2.7m。

知识拓展

在德国，受道路允许运输尺寸的影响，目前楼板单元的预制宽度一般为2.40m或2.50m，墙板的预制高度一般小于3.60m。当运输尺寸或总重量超过表2.1.1中的限值时，必须依据《德国道路交通法》（StVZO）第29款申请特殊许可证，甚至需要交通警察开道。此类情况下，有必要提前规划运输路线和运输的持续时间及运输时间。

表2.1.1　道路运输的最大允许尺寸和最大允许总重量（取决于特殊授权许可证）

类别	无特殊许可证（依据StVZO第32款）	持有年度特殊许可证（依据StVZO第29款）
宽度/m	2.55	3.00
高度/m	4.00	4.00
长度/m	15.50	24.00
总重量/t	40	48（牵引装置可自动转向）

2.1.1 预制构件生产方法

根据场地的不同、构件的尺寸不同以及实际需要等情况，可分别采取流水生产线法和台座法进行预制生产。构件生产企业应依据构件制作图进行预制构件的制作，生产设备应符合相关行业技术标准要求并应根据预制混凝土构件的型号、形状、质量等特点制定相应的工艺流程，明确质量要求和生产各阶段质量控制要点，编制完整的构件制作计划书，对预制构件生产全过程进行质量管理和计划管理。

1. 流水生产线法

流水生产线法是指在工厂内通过滚轴传送机或者传送装置将托盘模具内的构件从一个操作台转移到另一个操作台上，这是典型的适用于平面构件生产制作的工艺，如墙板和楼板构件的生产制作。流水生产线法具有高度的灵活性，不仅适用于平面构件生产，还适用于楼梯及线性构件的生产。

流水生产线法主要有以下两方面的优势：一方面，它可以更好地组织整个产品生产制作过程，材料供应不需要内部搬运即可到位，而且每个工人每次都可以在同一个位置完成同样的工作；另一方面，它可以降低工厂生产成本，因为每个独立的生产制作工序均在专门设计的工作台上完成，如混凝土振捣器和模具液压系统在生产工序中仅需使用一次，所以可以实现更多的作业功能。预制构件流水生产线如图2.1.1所示，预制构件流水生产线车间实景如图2.1.2所示。

2. 台座法

台座法是指构件的成型、养护、脱模等生产过程都在表面光滑平整的混凝土地坪、胎模、混凝土槽或钢模的台座上进行，构件在整个生产过程中固定在一个地方，而操作工人和生产机具则顺序地从一个构件移至另一个构件，来完成各项生产过程的方法。台座法可分为短线台座法和长线台座法。一般外形变化较多的构件（如带门窗的墙板）制作适用于短线台座法，而楼板制作适用于长线台座法。

（1）短线台座法。短线台座法是指每个阶段构件的浇筑均在同一特殊的模板内进行，其一端为一个固定的端模，另一端为已浇筑的构件，待浇筑构件的位置不变，通过调整已浇筑匹配构件的几何位置获得任意规定的平曲线、纵曲线的一种施工方法。该方法的优点有：占地面积较小；易形成流水线作业，提高施工速度；适用于节段类型变化较多、模板倒用较频繁的工程；模板和浇筑设备都是固定的，能获得平曲线、纵曲线和不同的标高。其缺点是：对仪器要求严格（要求各匹配段必须非常精确地放置，因而需要精密的测量仪器设备）；需要精确的测量和控制方法；对人员的素质和技术要求较高。图2.1.3为采用短线台座法施工的预制外墙。

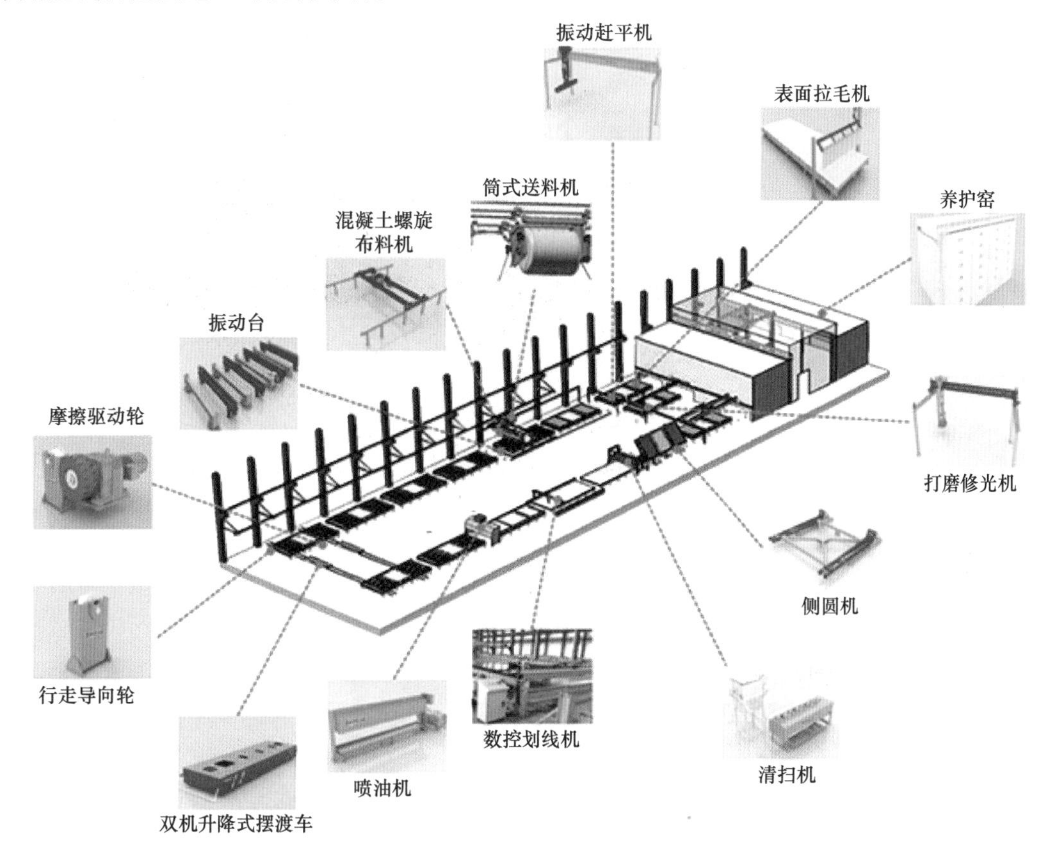

图2.1.1　预制构件流水生产线

图2.1.2　预制构件流水生产线车间实景

图2.1.3　采用短线钢模台座法施工的预制外墙

（2）长线台座法。长线台座法是按照设计制作构件线型，将所有的块件在一个长台座上一块接一块地匹配预制，使两块件间形成自然匹配面的方法。该方法的优点有：几何形状容易布置和控制，构造简单，施工生产过程比较容易控制；脱模后，不必立即把梁段转运到储放地；偏差不会累积，对于已制块件形成的偏差可以通过下一个块件及时调整，而且还可以多点同时匹配预制，加快施工进度。其缺点是：占地面积大，台座必须建在坚固的基础上；弯桥还需形成所需曲度；浇筑、养护等设备都是移动式的。图2.1.4为采用长线台座法施工的叠合板。

图2.1.4　采用长线台座法施工的叠合板

知识拓展 

常规的钢筋混凝土空心楼板制作采用流水生产线法，整个生产过程是在托盘模具内完成的。但是预应力混凝土空心楼板几乎只能采用长线台座法进行生产制作，在台座中设置直线预应力筋，台座自身必须能承受先张预应力的作用。采用长线台座法可生产制作最长为150m的预应力混凝土空心板。用于多层停车场和单层厂房屋面梁的大跨度双T形梁构件，可以在长度达80m的预应力台座上多榀同时生产制作。预应力台座的理想长度取决于由相对劳动力供应决定的可能达到的日产量，而预应力混凝土空心楼板的产量则由挤出机决定。

预制构件生产的通用工艺流程如图2.1.5所示。

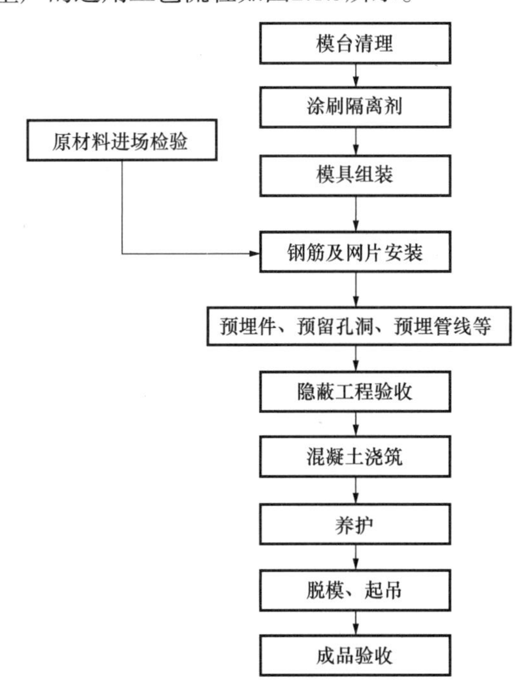

图2.1.5　预制构件生产的通用工艺流程

2.1.2　预制构件制作生产模具的组装

预制构件制作生产模具的组装应符合以下要求：

（1）模具组装应按照组装顺序进行，对于特殊构件，要求钢筋先入模后再组装。

（2）模具组装时，模板接触面的平整度、板面弯曲、拼装缝隙、几何尺寸等应满足相关设计要求。

（3）模具组装应连接牢固、缝隙严密，组装时应进行表面清洗或涂刷水性（蜡质）脱模剂，接触面不应有划痕、锈渍和氧化层脱落等现象。

（4）模具组装完成后，尺寸允许偏差应符合要求，净尺寸宜比构件尺寸小1～2mm。

2.1.3 预制构件钢筋骨架、钢筋网片和预埋件

钢筋骨架、钢筋网片和预埋件必须严格按照构件加工图及下料单要求制作。首件钢筋骨架或钢筋网片制作，必须通知技术、质检及相关部门检查验收，制作过程中应当定期、定量检查，对于不符合设计要求及超过允许偏差的一律不得使用，按废料处理。纵向钢筋（带灌浆套筒）及需要套丝的钢筋，不得使用切断机下料，必须保证钢筋两端平整，套丝长度、丝距及角度严格按照设计图纸要求。纵向钢筋（采用半灌浆套筒）按产品要求套丝，梁底部纵筋（直螺纹套筒连接）按照国标要求套丝，套丝机应当指定专人且有经验的工人操作，质检人员须按相关规定进行抽检。

2.1.4 预制构件混凝土的浇筑

按照生产计划中的混凝土用量来搅拌混凝土，混凝土浇筑过程中应注意对钢筋网片及预埋件的保护，浇筑厚度使用专用的工具测量，严格控制，振捣后应至少进行一次抹压。构件浇筑完成后进行一次收光，收光过程中应检查外露的钢筋及预埋件，并按照要求调整。浇筑时，撒落的混凝土应及时清理。浇筑过程中，应充分有效振捣，避免出现漏振造成的蜂窝麻面现象，浇筑时按照实验室要求预留试块。混凝土浇筑时应符合下列要求：

（1）混凝土应均匀连续浇筑，投料高度不宜大于500mm。

（2）混凝土浇筑时应保证模具、门窗框、预埋件、连接件不发生变形或者移位，如有偏差应采取措施及时纠正。

（3）混凝土宜采用振动平台，边浇筑、边振捣，同时可采用振捣棒、平板振动器作为辅助。

（4）混凝土从出机到浇筑的时间（即间歇时间）不宜超过40min。

2.1.5 预制构件混凝土的养护

混凝土养护可采用覆盖浇水和塑料薄膜覆盖的自然养护、化学保护膜养护和蒸汽养护等方法。梁、柱等体积较大的预制混凝土构件宜采用自然养护方法；楼板、墙板等较薄的预制混凝土构件或冬期生产的预制混凝土构件宜采用蒸汽养护方法。预制构件采用加热养

护时，应制定相应的养护制度，预养时间宜为1～3h，升温速率应为10～20℃/h，降温速率不应大于10℃/h。梁、柱等较厚的预制构件养护最高温度为40℃，楼板、墙板等较薄的预制构件养护最高温度为60℃，持续养护时间应不小于4h。

2.1.6　预制构件的脱模与表面修补

预制构件的脱模与表面修补应符合以下要求：

（1）构件脱模应严格按照拆模顺序，严禁使用振动、敲打方式拆模；构件脱模时应仔细检查确认构件与模具之间的连接部分完全拆除后方可起吊；起吊时，预制构件的混凝土立方体抗压强度应满足设计要求，且不应小于15N/mm^2。

（2）构件起吊应平稳，楼板宜采用专用多点吊架进行起吊，墙板宜先采用模台翻转方式起吊，模台翻转角度不应小于75°，然后采用多点起吊方式脱模。复杂构件应采用专门的吊架进行起吊。

（3）构件脱模后，不存在影响结构性能、钢筋、预埋件或者连接件锚固的局部破损和构件表面的非受力裂缝时，可用修补浆料进行表面修补后使用，详见表2.1.2。

表2.1.2　构件表面破损和裂缝处理方法

项目	现象	处理方案	检查依据与方法
破损	1. 影响结构性能且不可恢复的破损	废弃	目测
	2. 影响钢筋、连接件、预埋件锚固的破损	废弃	目测
	3. 上述1和2以外的，破损长度超过20mm	修补1	目测、卡尺测量
	4. 上述1和2以外的，破损长度在20mm以下	现场修补	目测、卡尺测量
裂缝	1. 影响结构性能且不可恢复的裂缝	废弃	目测
	2. 影响钢筋、连接件、预埋件锚固的裂缝	废弃	目测
	3. 裂缝宽度大于0.3mm且裂缝长度超过300mm	废弃	目测、卡尺测量
	4. 上述1、2、3以外的，裂缝宽度超过0.2mm	修补2	目测、卡尺测量
	5. 上述1、2、3以外的，裂缝宽度不足0.2mm且在外表面时	修补3	目测、卡尺测量

注：修补1，指用不低于混凝土设计强度的专用修补浆料修补；修补2，指用环氧树脂浆料修补；修补3，指用专用防水浆料修补。

梁、柱制作

想一想

为了加强装配式建筑的整体性，预制梁、柱可以采用怎样的形式？

梁、柱构件是装配式建筑中的主要预制构件，可采用台座法进行预制，简单的梁、柱构件也可采用流水生产线法进行预制，其工艺流程如图2.1.5所示。

2.2.1 预制混凝土梁

梁柱制作
（教学视频）

预制混凝土梁根据制作工艺不同可分为预制实心梁、预制叠合梁和预制梁壳3类，如图2.2.1所示。预制实心梁制作简单，构件自重较大，多用于厂房和多层建筑中。预制叠合梁便于预制柱和叠合楼板连接，整体性较强，运用十分广泛。预制梁壳通常用于梁截面较大或起吊重量受到限制的情况，优点是便于现场钢筋的绑扎，缺点是预制工艺较复杂。

(a) 预制实心梁

(b) 预制叠合梁

(c) 预制梁壳

图2.2.1 预制梁的类型

预制叠合梁若在两端制成U形键槽，可实现主梁与次梁的整体性连接，结构更为安全牢固。另外，预制梁的两端无钢筋外露，减少了梁的钢筋用量，降低了运输和安装的难度，较大幅度地提高了施工效率。带U形键槽的预制梁构造如图2.2.2所示。

(a) 带U形键槽预制梁

(b) 预制梁、柱节点

图2.2.2　带U形键槽的预制梁构造

在预制梁的过程中，也可施加预应力，使梁成为预制预应力混凝土梁。这种形式的梁具有预应力技术中节省钢筋、易于安装的特点，生产效率高、施工速度快，在大跨度全预制多层框架结构厂房中使用具有良好的经济性。

2.2.2　预制混凝土柱

从制造工艺上看，预制混凝土柱包括全预制柱和叠合柱两种形式，如图2.2.3所示。预制混凝土柱的外观形式多样，包括矩形、圆形和工字形等。在满足运输和安装要求的前提下，预制柱可采用单节柱或多节柱，柱的长度可达12m或更长。每节柱长度为一个层高，这样有利于柱垂直度的控制调节，实现了制作、运输、吊装环节的标准化操作，简单、易行，易于质量控制。一般高层建筑柱采用单节柱，不宜采用多节柱，其原因是：

（1）多节柱的脱模、运输吊装、支撑都比较困难。

（2）在多节柱的吊装过程中，钢筋连接部位易变形，从而导致构件的垂直度难以控制。

（3）多节柱的梁柱节点区钢筋绑扎困难，以及混凝土浇筑密实性难以控制。

可采用平模或立模制作预制柱，若采用平模浇筑柱，会导致柱的一个表面暴露在外（无模具表面）。如果柱的各个表面都要求是清水混凝土效果，那么无模具表面还须附加表面抹光工作。其中，对于圆形截面柱如果采用立模浇筑，则只能生产制作单节柱。圆形截面柱也能采用平模水平浇筑，如同混凝土空心柱，采用离心成型混凝土方法生产制作，只是这种生产制作方法需要特种设备。

(a) 预制混凝土实心柱（全预制柱）

(b) 预制混凝土矩形柱壳（叠合柱）

图2.2.3　预制混凝土柱的类型

在预制外立面柱的柱顶及预制外框架梁外侧设计与构件一体的预制混凝土（precast concrete，PC）模板，则现场无须再支设外模板，施工速度可大大提高，如图2.2.4（a）所示。

预制柱的柱内钢筋采用螺纹钢筋，柱顶钢筋外露，柱底设置套筒，通过套筒连接来实现柱的对接。由于预制装配框架柱钢筋的连接采用套筒连接，钢筋被浇筑在柱内，配筋情况不易观察，在拼装时，可能会发生框架柱钢筋在X方向或Y方向对接定位错误的情况，影响施工机械的使用效率。因此，在框架柱的钢筋接头处设置了定位钢筋和定位套筒，这样可以使现场施工人员迅速准确地确定预制柱的接头方位，如图2.2.4（b）所示。

(a) 外立面预制柱

(b) 预制柱底套筒设置

图2.2.4　外立面预制柱与预制柱底套筒

上面讲述的预制梁、柱是一字形的一维构件，当有可靠的设计和预制生产、施工经验时，也可采用梁、柱与节点一体的T形、十字形等多维构件。

墙板制作

想一想

有哪些措施可以提高预制楼板的刚度，防止预制楼板吊装时开裂？

在装配式建筑中，墙板是其主要的构件之一。采用预制混凝土墙板可以提高工厂化、机械化施工程度，减少现场湿作业，节约现场用工，克服季节影响，缩短建筑施工周期。

墙板的制作方法中有关原材料的堆放、混凝土搅拌、钢筋制作等，与一般预制构件制作相同，但墙板的成型、养护和脱模起吊工艺，则与一般预制构件有较大的区别，尤其是成型工艺。

台座法板件制作（教学视频）

目前，墙板制作按生产工艺分为台座法、平模流水线法和成组立模法3种。我国南方地区，由于年平均气温较高，多采用露天平模台座法，自然养护，这种方法投资少、设备简单、投产快、制作成本较低。我国北方地区，多采用工厂预制蒸汽养护，以实现常年生产。

2.3.1　台座法

台座法是指墙板在一个固定的地点成型和养护，布筋、成型、养护和拆模等工序所需的一切材料和设备都供应到墙板成型处的方法。

台座法是生产墙板及其他构件采用较多的一种方法，常用于生产振动砖墙板和单一材料或复合材料混凝土墙板以及整间大楼板。台座法生产可用木模、钢模，但都需要保证有足够的刚度，对于构造简单的内墙板可重叠生产，墙板重叠层数以10层为宜。层数太多，上料不便，工期延长；反之，台座面积增大，费用也相应增加。由于外墙板的生产工艺比较复杂，不宜采用重叠生产。

台座法制作普通混凝土空心墙板、振动砖墙板和加气混凝土夹芯复合材料保温外墙板的工艺流程分别如图2.3.1～图2.3.3所示。

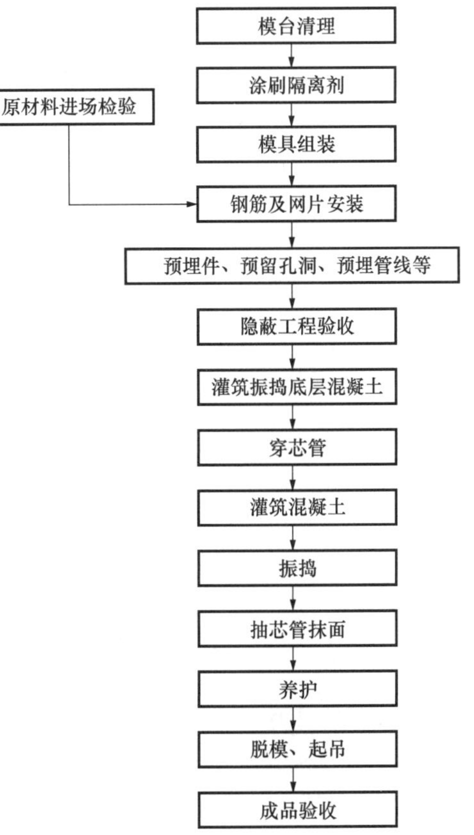

图2.3.1　台座法制作普通混凝土空心墙板工艺流程

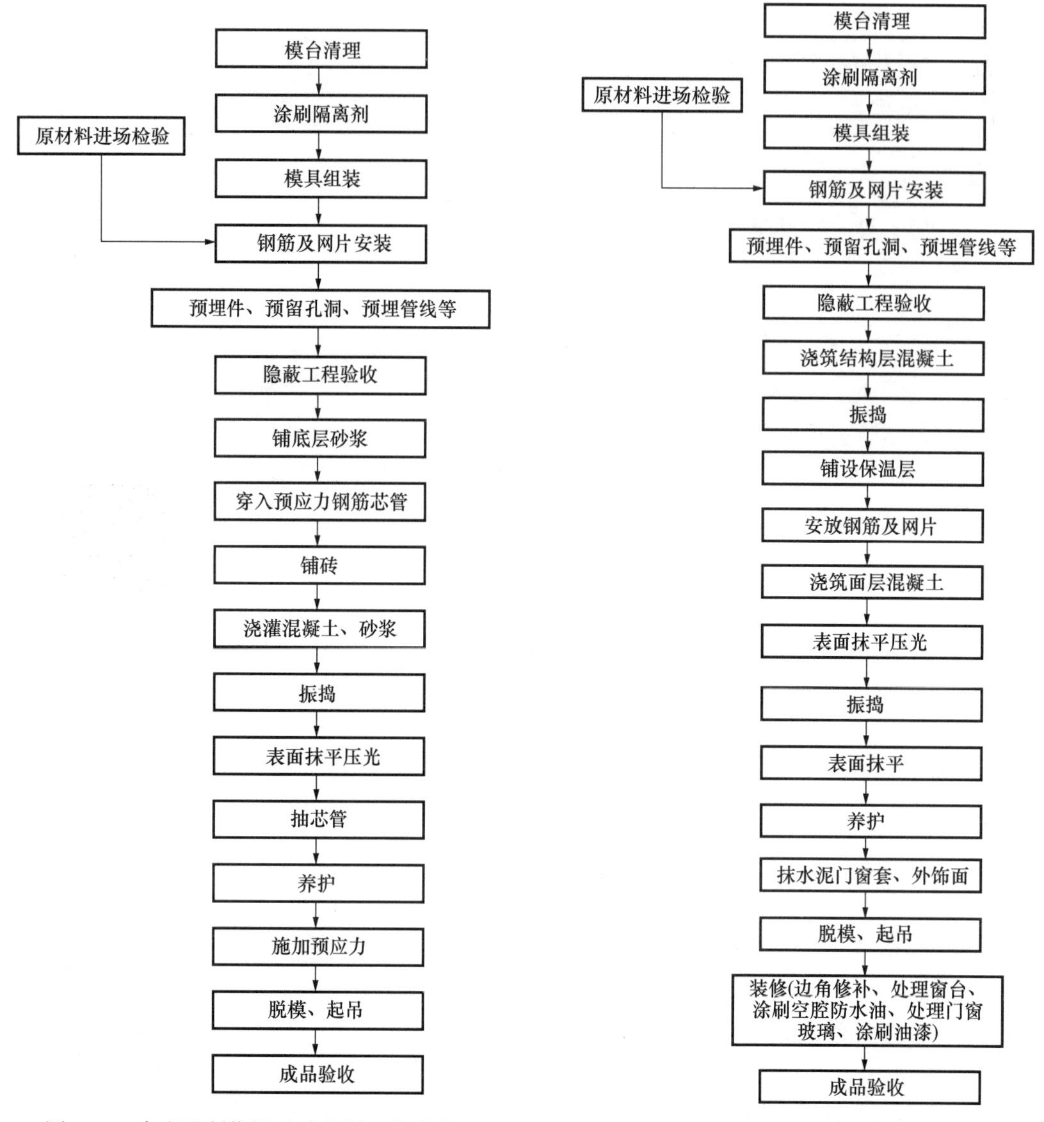

图2.3.2　台座法制作振动砖墙板工艺流程

图2.3.3　台座法制作加气混凝土夹芯复合材料保温外墙板工艺流程

知识拓展

台座分为冷台座和热台座两种。冷台座为自然养护，我国南方多采用这种台座，并有临时性和半永久性、永久性之分；热台座是在台座下部和两侧设置蒸汽通道的形式，墙板在台座上成型后覆盖保温罩，通蒸汽进行养护，这种台座多在我国北方采用和冬期生产使用。

1．普通混凝土空心墙板的制作要点

（1）采用干硬性混凝土，粗骨料粒径宜为0.5～2cm，最大粒径不超过最小肋边尺寸的1/2。底层混凝土的浇捣厚度比设计要求小2～3mm。

（2）穿芯管时要防止猛撞板模和钢筋。

（3）灌筑混凝土时宜先将混凝土运至模板旁边，经手工拌和一次再入模。平板振动器的频率不应小于2800r/min。第一遍振捣，其路线要与芯模方向垂直，以防止芯模滑动；第二遍可沿芯模平行方向振捣。墙板构件边角部位可用人工助捣，振捣必须充分，以板面均匀出浆为宜，振捣时应随时注意各种预留孔洞的预埋件，防止产生位移的模板变形。振捣后的混凝土应比模板面低2～3mm，以便加浆抹面。

（4）墙板成型后应转动芯管。抽芯管的时间应根据气温和混凝土的干硬程度而定，要保证孔道混凝土不塌陷、不开裂。抽芯管应采取隔一根抽一根的分批抽芯方法，抽芯的速度要均匀，要和孔道保持在一条直线上，防止芯管向板面凸起。

（5）墙板成型后，先用木尺杆刮平，然后根据面层混凝土的泌水出浆情况铺以1∶2.5的水泥砂浆（或水泥砂干粉），待收水后用木抹抹平压实，也可用1∶1的水泥浆抹平压实，抹平压实工具可用小木抹或带长把的大木抹。抹面压光时，严禁站在板面上操作，要采用架空脚手板。

（6）抹平压实后，用草帘或湿麻袋覆盖，浇水养护；也可用塑料布覆盖，防止混凝土内的水分蒸发过快。浇水次数可根据气温情况来确定，在一般气候（15℃）条件下，前三天每隔2h浇水一次，以后每昼夜浇水4次，气候干燥时浇水次数可适当增加，养护时间一般不少于7d。

2．振动砖墙板的制作要点

（1）铺底层砂浆。底层砂浆应满铺刮平，当用普通黏土砖时，铺设厚度为10～12mm；用多孔黏土砖时，铺设厚度为15～20mm。墙板内预留孔洞的预埋件应事先用砂浆稳好。

（2）铺砖。砖在使用前应冲水湿润，不可随浇随用，不可使用干砖和表面有浮水的饱和湿砖。对各种型号的墙板，应事先按设计要求摆出排砖大样，使操作人员做到心中有数。砖与边框和中肋混凝土要咬槎连接。砖块不允许直接倒在台座上，应码放在事先放在台座上的木托板上，避免破坏隔离层。铺砖时，先将混凝土肋的位置预留好，然后按横向错缝进行排砖，灰缝宽度控制在8～12mm。当遇到预留孔洞的埋件或排不开整砖时，可用半砖或七分头，不得用碎砖填充。多孔黏土砖墙板采用预应力钢筋吊具时，芯管要从多孔黏土砖中心孔穿过。

（3）灌筑混凝土和铺面层砂浆。每块墙板在铺砖后，应尽快灌筑混凝土肋和铺面层砂浆，要争取在0.5h内完成，以便与底层灰浆较好结合。混凝土的粗骨料粒径以0.5～2cm为宜，振捣后的混凝土表面应低于模板面10～20mm，以便铺设面层砂浆。为防止弄乱铺砖顺序，砂浆不能从砂浆车直接倾倒，宜用铁锹将砂浆均匀铺布，用平锹和灰耙子顺砖摊平，灌入砖缝内。

（4）振捣。板肋混凝土宜用焊有鸭嘴的插入式振捣器振捣，振捣器棒头与台座面应保持适当距离，以防止破坏隔离层。采用平板振捣器振捣时，要顺砖的长缝方向缓慢移动，往返振捣两遍，两遍振捣时间合计以每平方米40～50s为宜（指振捣140mm厚墙板混凝土）。若振捣时间过长，砂浆将钻入砖的孔洞内。振捣时不得用脚踩踏振动器，变换方向时应将振动器抬起，不得硬拉。不要碰撞模板和各种预埋件，不得任意拆除门窗洞口的支撑拉杆，遇有变形、移动要及时修整。

（5）板面抹平压光。振捣后立即用木尺杆拍实刮平。待表面收水后，用木抹填平补齐，普遍抹平压实一遍，再撒水泥或浇水灰比为1：1的水泥浆（低温时可加少量石膏粉）抹平压光。也可撒1：3的水泥砂干灰，用铁抹压光，再薄抹一层石灰膏，用铁抹压光。

（6）养护方式采用浇水自然养护的方法。

3. 加气混凝土夹芯复合材料保温外墙板的制作要点

（1）灌筑时先将混凝土倒入料斗，再用吊装机械将料斗提升入模进行灌筑。结构层混凝土要振捣拍实抹平，以保证加气混凝土保温块铺放后表面平整。

（2）各种型号的外墙板，应根据设计要求，事先排出加气混凝土保温块的摆放大样。铺放加气混凝土保温块时，表面要平整，缝隙要均匀，严禁用碎块填塞。在常温下铺放时，铺前要浇水润湿；在低温下铺放时，铺后要喷水，冬季可干铺。事先将泡沫聚苯乙烯保温条按设计尺寸裁剪。排放板缝部位的泡沫聚苯乙烯保温条时，入模固定位置要准确，拼缝要严密，要有专人负责操作。

（3）加气混凝土保温块铺设后，随即浇筑板肋混凝土和面层细石混凝土，底层和面层混凝土振捣相隔时间不得超过1h。振捣板肋混凝土时要防止碰坏泡沫聚苯乙烯保温条，发现有位移和模板变形时要及时修整。面层混凝土采用平板振动器振捣，振捣后，随即用1：3的水泥砂浆找平，并用木尺杆刮平，待表面收水后再用木抹抹平压实。

（4）养护方式可采用自然养护或蒸汽养护的方法。

（5）采取构造防水措施的外墙板的两侧边槽，在墙板成型脱模后，要涂刷防水胶油。外墙板的门窗安装和玻璃油漆工程，可在墙板脱模起吊后在装修生产线进行，质量要求应符合国家有关规定。

2.3.2 平模流水线法

平模流水线法是把生产过程分成若干工序，每个工序顺次地在生产线上的一个固定工位上进行的方法。

平模流水线法板件制作（教学视频）

平模流水线法一般采用钢平模，钢平模由沿轨道行走的模车、钢底模、侧模、上下端模和支撑连接系统组成。有门窗洞口的墙板构件，还配有门窗洞口钢模。平模流水线法是将钢平模按清理模板、安放钢筋、浇筑混凝土、振捣压实等工位顺序进行流水生产成型，然后将成型的墙板构件入窑养护，直到构件养护出窑的方法，如图2.3.4所示。构件的养护方法多采用隧道窑养护或立窑养护。

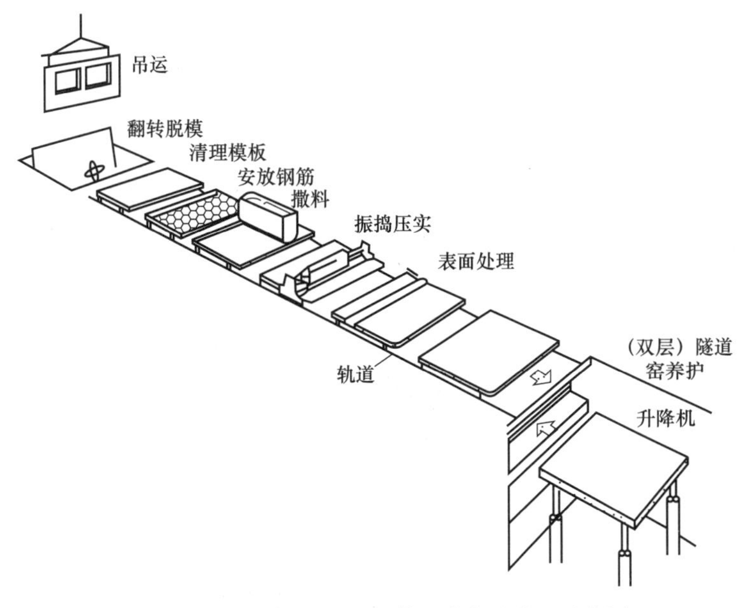

图2.3.4 平模流水线法施工示意图

采用平模流水线法生产复合外墙板的工艺流程如图2.3.5所示，图2.3.6为平模流水线生产的典型工序图。

平模流水线法的特点：

（1）构件采取水平制作，如果模板不采用翻转脱模，则构件须配置抗起吊弯矩钢筋。

（2）构件的成型和养护是按不同工位的流水线设置地点的，因而车间占地面积较大。

（3）这种方法可生产预应力构件、空心构件、复合材料构件和带饰面构件，故多用于生产外墙板和大楼板。

（4）一次性投资费用较大。

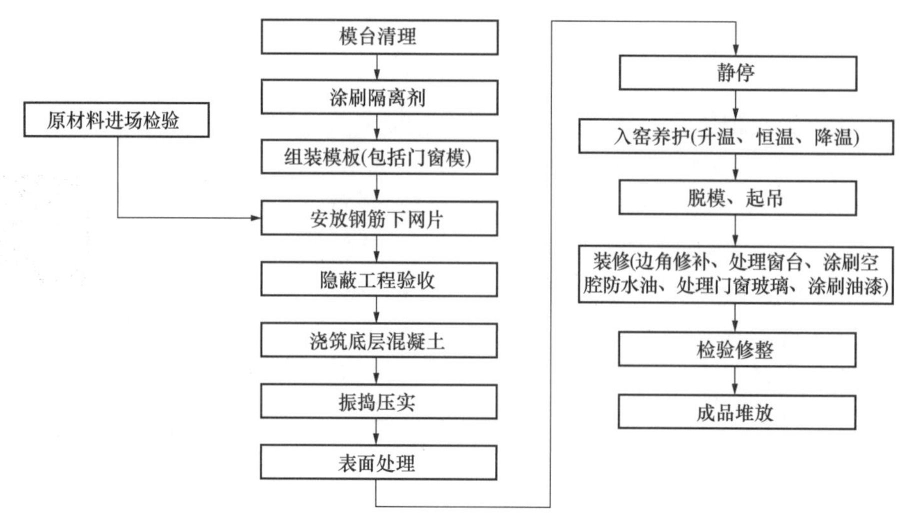

图2.3.5　采用平模流水线法生产复合外墙板的工艺流程

(a) 自动布筋

(b) 浇筑混凝土

(c) 振动密实装置对墙体类型进行振动密实

(d) 养护后的墙体在倾斜台上脱模

图2.3.6　平模流水线法生产的典型工序图

2.3.3　成组立模法

成组立模法是墙板在垂直位置成组地进行生产，通过模外设备进行振动成型，并采用模腔通热进行密闭热养护的方法。这种方法所需时间短，占地面积小，一次可生产多块构件，生产效率高，但只能生产单一材料的墙板。采用成组立模法制作外墙板的工艺流程如图2.3.7所示。成组立模法可采用钢立模和钢筋混凝土立模，图2.3.8所示为钢立模。

成组立模法板件制作（教学视频）

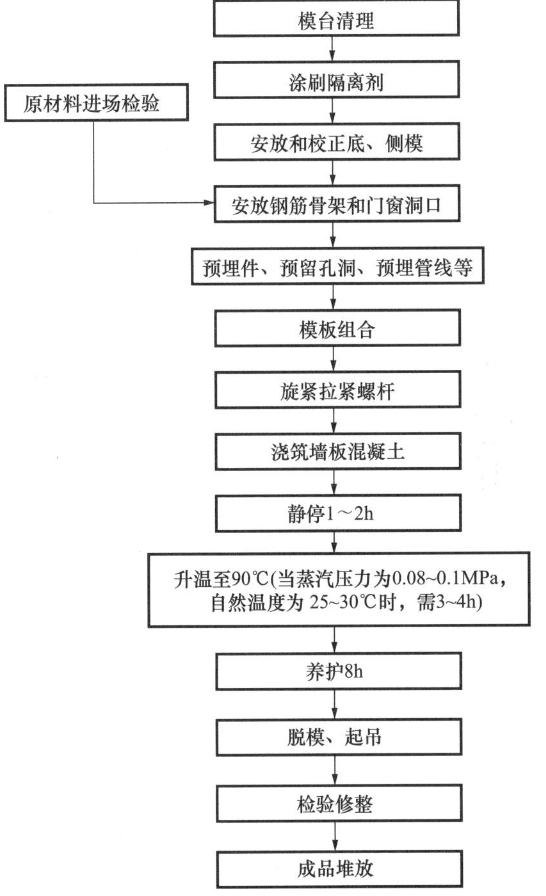

图2.3.7　成组立模法制作外墙板的工艺流程

图2.3.8　成组立模法制作墙板（钢立模）

成组立模法的特点：

（1）墙板垂直制作，垂直起吊，比平模制作可减少墙板因翻转起吊的配筋。

（2）因为立模本身既是成型工具，又是养护工具，所以浇筑、成型、养护地点比较集中，车间占地面积较平模工艺要小。

（3）立模养护制品的密闭性能好，与坑养、隧道窑养护、立窑养护比较，可降低蒸汽耗用量。

（4）制作出的墙板两面光滑，适合于制作单一材料的承重内墙板和隔墙板。

（5）墙板上下部位强度不均匀（相差1/5～1/4），应按上部强度使用。

（6）一次性投资费用较大。

2.3.4 外墙板饰面做法

墙板按使用功能不同分为内墙板和外墙板两大类，如图2.3.9所示。内墙板在工厂养护脱模后即可进行装配，而外墙板饰面一般都在预制墙板时同时做好，这样可以大量减少现场施工时外墙板饰面的工作量。

(a) 预制内墙板

(b) 预制外墙板

图2.3.9 预制墙板

外墙板饰面的做法有正打（又称正做）和反打（又称反做）两种。饰面的类别有面砖类、石粒类，目前已经发展到采用涂料和装饰混凝土。

（1）正打法。正打法即在已经成型的墙板构件表面预贴陶瓷锦砖、面砖、干粘石以及“印花”“压花”的装饰混凝土做法。预贴陶瓷锦砖、面砖的做法与地面铺贴陶瓷锦砖和地面砖基本相同，不同之处在于在墙板四周应留出适当宽度（10～20mm）的镜边，以防墙板在运输、吊装过程中受到磕碰损坏。

（2）反打法。反打法是在台座或钢模的底模上预铺各种花纹的衬模，使墙板的外皮在下面、内皮在上面的做法，与正打法相反。这种工艺可以在浇筑外墙混凝土墙体的同时一次将外墙板饰面的各种线型及质感带出来。外墙板饰面反打工艺的特点是外墙板饰面装饰线条一次成型，形成装饰线条的衬模用压条和螺钉固定在底模上。目前，我国应用的衬模有塑料衬模、玻璃钢衬模、橡胶衬模和聚氨酯衬模4种。

图2.3.10和图2.3.11所示分别为预制外墙板正打工艺和预制外墙板反打工艺。

图2.3.10　预制外墙板正打工艺

图2.3.11　预制外墙板反打工艺

2.4 预制楼梯制作

预制楼梯有小型和大中型，哪种预制楼梯应用较多？为什么？

预制楼梯使用的模具是一种可以进行尺寸调节的精密钢制模具，可满足不同尺寸的楼梯预制使用，模具由底模、侧模和端模组成。楼梯模板由钢材制作，可回收利用，模板组装简便，周转次数高，一套模具至少可重复生产400件以上的梯段。预制楼梯模具可采用立式浇筑模具、卧式浇筑模具和一体式环绕浇筑模具3种，如图2.4.1所示。采用立式浇筑模具预制楼梯，楼梯成型质量好，不需要二次装饰，可有效防止楼梯因二次装饰而产生的空鼓开裂等质量通病；采用卧式浇筑模具预制楼梯，模具安装拆卸时间长，且楼梯下沿面需要手工磨平；一体式环绕浇筑模具一般用于螺旋楼梯的预制。

楼梯制作
（教学视频）

(a) 立式浇筑模具

(b) 卧式浇筑模具

(c) 一体式环绕浇筑模具

图2.4.1　预制楼梯的模具

预制楼梯主要采用短线台座法生产，预制楼梯施工工艺流程如图2.1.5所示。楼梯构件的制作应遵循设计方案进行操作，严格控制构件制作误差，确保结构的质量和精度。根据图纸和钢筋下料表对钢筋进行切断、弯曲加工等，并绑扎成型。浇筑前检查钢筋笼和预埋件位置是否正确，混凝土拌和物入模温度不应低于5℃，且不应高于35℃。混凝土应分层浇筑，分层厚度不大于500mm。在混凝土运输、输送入模的过程中应使混凝土连续浇筑，以保证其均匀性和密实性。混凝土振捣可采用插入式振动棒或附着振动器，必要时可采用人工辅助振捣。楼梯成型后采用自然养护或蒸汽养护的方法，楼梯拆模后应按时浇水保持一定的湿度，使其强度正常发展。混凝土浇筑后，在混凝土初凝前和终凝前，分别对混凝土裸露表面进行抹面处理。楼梯拆模起吊前检验同条件养护的混凝土试块强度，平均抗压强度达到或超过15MPa方可脱模，否则继续进行养护。楼梯构件采用吊梁起吊；产品拆模后吊至指定存放地点，在混凝土表面刷缓凝剂处洗刷出抗剪粗糙面。脱模后对构件产生的不影响结构性能的钢筋、预埋件的局部破损和构件表面的非受力裂缝，用修补浆料对表面或裂缝进行修补。

图2.4.2为预制楼梯施工现场（部分）。

(a) 模板清理

(b) 钢筋绑扎

(c) 预留预埋

(d) 合模浇筑混凝土

(e) 脱模清理

(f) 翻转堆放

图2.4.2　预制楼梯施工现场（部分）

预制楼梯在堆放时应水平分层、分型号（左、右）码垛，每垛不超过5块，最下面一层的垫木应通长放置，层与层之间应垫平、垫实，各层垫木应在一条垂直线上，支点一般为吊装点位置。垫木应避开楼梯薄板处，在垫木外套塑料布，避免接触面损坏，如图2.4.3所示。

图2.4.3　预制楼梯的堆放

2.5 质量检验

预制构件的质量检验包括哪些方面?

质量检验
（教学视频）

装配整体式混凝土结构中的构件质量检验关系到主体的质量安全，应予以重视。预制构件应具有完整的制作依据和质量检验记录档案，包括预制构件制作详图、原材料合格证及复试报告、工序质量检查验收记录、技术处理方案及出厂检测等资料。预制构件的质量检验主要包含原材料检验、隐蔽工程检验和成品检验三部分。

2.5.1　原材料检验

预制构件生产所用的混凝土、钢筋、套筒、灌浆料、保温材料、拉结件、预埋件等应符合现行国家标准《混凝土强度检验评定标准》（GB/T 50107—2010）和《混凝土结构工程施工质量验收规范》（GB 50204—2015）的规定，并应进行进厂检验，经检测合格后方可使用。预制构件采用的钢筋的规格、型号、力学性能和钢筋的加工、连接、安装等应符合现行国家标准《装配式混凝土结构技术规程》

（JGJ 1—2014）和《混凝土结构工程施工质量验收规范》（GB 50204—2015）的规定。门窗框预埋应符合现行国家标准《建筑装饰装修工程质量验收标准》（GB 50210—2018）的规定，混凝土的各项力学性能指标应符合现行国家标准《混凝土结构设计规范（2015年版）》（GB 50010—2010）的规定，钢材的各项力学性能指标应符合现行国家标准《钢结构设计标准（附条文说明）》（GB 50017—2017）的规定，灌浆套筒的性能应符合现行国家行业标准《钢筋连接用灌浆套筒》（JG/T 398—2019）的规定，聚苯板的性能指标应符合现行国家标准《绝热用模塑聚苯乙烯泡沫塑料（EPS）》（GB/T 10801.1—2021）和《绝热用挤塑聚苯乙烯泡沫塑料（XPS）》（GB/T 10801.2—2018）的规定。

2.5.2　隐蔽工程检验

预制构件的隐蔽工程验收包含以下几个方面：

（1）钢筋的规格、数量、位置、间距，纵向受力钢筋的连接方式、接头位置、接头质量、接头面积百分率、搭接长度等。

（2）箍筋、横向钢筋的规格、数量、位置、间距，箍筋弯钩的弯折角度及平直段长度等。

（3）预埋件、吊点、插筋的规格、数量、位置等。

（4）灌浆套筒、预留孔洞的规格、数量、位置等。

（5）钢筋的混凝土保护层厚度，夹芯外墙板的保温层位置、厚度，拉结件的规格、数量、位置等。

（6）预埋管线、线盒的规格、数量、位置及固定措施。

（7）预制构件厂的相应管理部门应及时对预制构件混凝土浇筑前的隐蔽分项进行自检并做好验收记录。

2.5.3　成品检验

预制构件在出厂前应进行成品质量验收，其检查项目包括预制构件的外观质量、预制构件的外形尺寸、预制构件的外装饰和门窗框、预制构件的钢筋、连接套筒、预埋件、预留孔洞等。其检查结果和方法应符合现行国家标准的规定。

预制构件的外观质量不应有表2.5.1中所列影响结构性能、安装和使用功能的严重缺陷。

表2.5.1　预制构件外观质量缺陷

名称	外观现象	严重缺陷
露筋	预制构件内钢筋未被混凝土包裹而外露	纵向受力钢筋有露筋
蜂窝	混凝土表面缺少水泥砂浆而形成石子外露	构件主要受力部位有蜂窝

续表

名称	外观现象	严重缺陷
孔洞	混凝土中孔穴深度和长度均超过保护层厚度	构件主要受力部位有孔洞
夹渣	混凝土中夹有杂物且深度超过保护层厚度	构件主要受力部位有夹渣
疏松	混凝土中局部不密实	构件主要受力部位有疏松
裂缝	缝隙从混凝土表面延伸至混凝土内部	构件主要受力部位有影响结构性能或使用功能的裂缝
连接部位缺陷	预制构件连接处混凝土缺陷及连接钢筋、连接件松动，灌浆套筒堵塞、偏位，灌浆孔洞堵塞、偏位、破损等	连接部位有影响结构传力性能的缺陷
外形缺陷	缺棱、掉角、棱角不直、翘曲不平、凸肋等，装饰面砖黏结不牢、表面不平、砖缝不顺直等	清水或带装饰的预制混凝土构件内有影响使用功能或装饰效果的外形缺陷
外表缺陷	预制构件表面麻面、掉皮、起砂、沾污等	具有重要装饰效果的清水混凝土构件有外表缺陷

预制构件叠合面的粗糙度和凹凸深度应符合设计及规范要求，预制构件外形尺寸允许偏差应满足表2.5.2的规定。

表2.5.2 预制构件外形尺寸允许偏差 单位：mm

检查项目			允许偏差	检查方法
长度	板、梁、柱	<12m	±5	钢尺检查
		≥12m且<18m	±10	
		≥18m	±20	
	墙板		±4	
宽度、高（厚）度	板、梁、柱		±5	钢尺量一端及中部，取其中最大值
	墙板高度、厚度		±3	
表面平整度	板、梁、柱、墙板内表面		5	2m靠尺和塞尺检查
	墙板外表面		3	
侧向弯曲	板、梁、柱		L/750且≤20	拉线、钢尺量最大侧向弯曲处
	墙板		L/1000且≤20	
翘曲	板		L/750	水平尺、钢尺在两端量测
	墙板		L/1000	
对角线差	板		10	钢尺量两个对角线
	墙板、门窗口		5	
挠度变形	梁、板设计起拱		±10	拉线、钢尺量最大弯曲处
	梁、板下垂		0	

续表

检查项目		允许偏差	检查方法
预埋件	预埋板、吊环、吊钉中心线位置	5	钢尺检查
	预埋套筒、螺栓、螺母中心线位置	2	
	预埋板、套筒、螺母与混凝土面平面高差	−5，0	
	螺栓外露长度	−5，+10	
预留孔、预埋管中心位置		5	钢尺检查
预留插筋	中心线位置	3	钢尺检查
	外露长度	±5	
格构钢筋	高度	0，5	钢尺检查
键槽	中心线位置	5	钢尺检查
	长、宽、深	±5	
预留洞	中心线位置	10	尺量检查
	尺寸	±10	
与现浇部位模板接槎范围表面平整度		2	2m靠尺和塞尺检查

预制混凝土构件外装饰外观除应符合表2.5.3的规定外，还应符合《建筑装饰装修工程质量验收标准》（GB 50210—2018）的规定。门窗框安装位置允许偏差尚应符合表2.5.4的规定。

表2.5.3　预制构件外装饰允许偏差　　单位：mm

种类	项目	允许偏差	检查方法
通用	表面平整度	2	2m靠尺和塞尺检查
石材和面砖	阳角方正	2	用托线板检查
	上口平直	2	拉通线用钢尺检查
	接缝平直	3	钢尺或塞尺检查
	接缝深度	±2	
	接缝宽度	±2	钢尺检查

表2.5.4　门窗框安装位置允许偏差　　单位：mm

项目	允许偏差	检验方法
门窗框定位	±1.5	钢尺检查
门窗框对角线	±1.5	钢尺检查
门窗框水平线	±1.5	钢尺检查

预制构件应有出厂标识，除此之外，预制构件生产企业应提供出厂合格证和产品质量证明书，内容包括构件名称及编号、合格证编号、产品数量、构件型号、质量状况、构件生产企业、生产日期和出厂日期，并有检测部门及检验员、质量负责人签名等。预制构件生产企业应按照有关标准规定或合同要求，对其供应的产品签发产品质量证明书，明确重要参数，有特殊要求的产品还应提供安装说明书。

学习参考 

登录www.abook.cn网站，搜索本书，下载相关学习参考资料。

小 结

构件大批量预制化生产，不但能提高构件质量，而且可大大减少施工现场的湿作业，从而节约人工成本和缩短施工周期，保证施工现场整洁卫生。本模块主要介绍了预制构件的加工制作，具体讲述了预制工厂生产流程，梁、柱、楼板、楼梯等制作过程，以及预制构件的质量检验。一般预制构件的预制过程是：模台清理→涂刷隔离剂→模具组装→钢筋及网片安装→预埋件、预留孔洞、预埋管线等→隐蔽工程验收→混凝土浇筑→养护→脱模、起吊→成品验收。具体预制构件的制作过程可查阅本模块相关内容。

实践　装配式预制构件厂视频观看

【实践目标】

1. 了解装配式预制构件厂的布置。
2. 熟悉装配式预制构件的制作生产过程。

【实践要求】

1. 复习施工技术知识和本模块内容。
2. 遵守教师教学安排。
3. 完成教师布置的任务。

【实践资源】

1. 影视播放厅或多媒体教室。
2. 由教师提供4个以上装配式建筑相关视频。

【实践步骤】

1. 教师做实训布置。
2. 播放视频。
3. 教师布置作业。
①预制梁、柱的制作过程。
②预制楼板的制作过程。
③预制墙板的制作过程。
④预制楼梯的制作过程。
⑤哪些因素会影响预制构件的制作精度？
⑥现浇构件制作过程和预制构件制作过程的差异体现在哪里？
4. 学生讨论后提交作业。
5. 教师总结。

【上交成果】 作业一份。

习 题

1. 预制构件的生产方法有（　　）。
A. 流水生产线法　　B. 台座法　　C. A和B
2. 模具组装完成后，尺寸允许偏差应符合要求，净尺寸宜比构件尺寸缩小（　　）mm。
A. 0～1　　B. 1～2　　C. 2～3
3. 预制构件混凝土应均匀连续浇筑，投料高度不宜大于（　　）mm。
A. 500　　B. 600　　C. 800
4. 浇筑预制构件混凝土从出机到浇筑时间（即间歇时间）不宜超过（　　）min。
A. 30　　B. 40　　C. 50
5. 起吊预制构件，其混凝土立方体抗压强度应满足设计要求，且不应小于（　　）N/mm^2。
A. 10　　B. 12　　C. 15
6. 预制混凝土梁根据制作工艺不同可分为预制实心梁、（　　）和预制梁壳3类。
A. 预制叠合梁　　B. 预制空心梁　　C. 预制T形梁
7. 墙板制作按生产工艺分为台座法、平模流水线法和（　　）3种。
A. 短线台座法　　B. 长线台座法　　C. 成组立模法

8. 下面不属于外墙板饰面做法的是(　　)。

A. 正打法　　B. 反打法　　C. 湿贴法

9. 反打法中，目前我国应用的衬模有(　　)种。

A. 3　　B. 4　　C. 5

10. 楼梯拆模起吊前，检验同条件养护的混凝土试块强度，当平均抗压强度达到或超过(　　)MPa方可脱模，否则继续进行养护。

A. 15　　B. 18　　C. 20

模块三 施工前准备工作

教学PPT

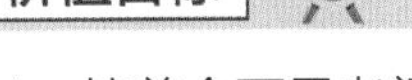

价值目标

1. 培养全面思考问题的能力。
2. 树立质量第一的意识。
3. 培养效率优先的观念。

知识目标

1. 了解结构安装工程常用的起重机械、索具、吊具和机具。
2. 掌握装配式混凝土结构安装工程施工平面布置的要点。
3. 掌握预制构件运输、进场检验和存放的方法和要求。

能力目标

1. 能合理地布置塔吊位置，会设计施工平面图。
2. 能正确地进行构件进场检验、堆放和成品保护。

知识导引

施工前准备工作是指为了保证工程顺利开工和施工活动正常进行而必须事先做好的各项工作。它是施工程序中的重要环节，不仅存在于开工前，而且贯穿于整个施工过程之中。为了保证工程项目能顺利进行施工，必须做好施工前准备工作。

施工前准备工作应遵循建筑施工程序，只有严格按照建筑施工程序进行，才能使工程施工符合技术规律和经济规律。充分做好施工前准备工作，可以有效降低风险损失，提高应变能力。工程项目中不仅需要耗用大量材料，使用许多机械设备，组织安排各工种人力，涉及广泛的社会关系，还要处理各种复杂的技术问题，协调各种配合关系，因而需要通过统筹安排和周密准备，才能使工程顺利开工，开工后才能连续顺利地施工且能得到各方面条件的保证。认真做好工程项目施工前准备工作，能调动各方面的积极因素，合理组织资源，加快施工进度，提高工程质量，降低工程成本，从而提高企业的经济效益和社会效益。

施工前准备工作的内容我们已经在“建筑施工组织”这门课程中进行了学习，本模块主要就装配式混凝土结构工程的施工准备工作进行阐述，内容侧重于预制构件的吊装施工。

3.1 施工平面布置

装配式混凝土结构和现浇钢筋混凝土结构的施工工艺不同，那么它们在施工平面布置上有什么区别呢？

施工平面布置（教学视频）

装配式建筑施工平面的布置应遵循一般的布置原则，如要紧凑合理，尽量减少施工用地；尽量利用原有建筑物或构筑物，降低施工设施建造费用；合理地组织运输，保证现场运输道路畅通，尽量减少场内运输费；临时设施的布置，应便于工人生产和生活，办公用房应靠近施工现场；应符合安全、消防、整齐、美观、环保的要求；施工材料堆放应尽量设在垂直运输机械覆盖的范围内，以减少二次搬运等。同时，由于装配式混凝土结构施工中吊运工作量大，因而又有别于现浇混凝土结构施工，其施工平面布置应重点考虑预制构件场内运输道路及场内构件存放场地、存放量等实际要求；在选定好吊装机械的前提下，还要处理好预制构件安装与预制构件运输、堆放的关系，充分发挥吊装机械的作用。

3.1.1 起重机械布置

起重机械布置（教学视频）

起重机械的布置直接影响构件堆场、材料仓库、加工厂、搅拌厂的位置，以及道路、临时设施及水、电等管线的布置，是施工现场全局的中心环节，应当首先确定。由于各种起重机械的性能不同，其布置也不尽相同。

1. 塔式起重机的布置

塔式起重机的位置要根据现场建筑四周的施工场地、施工条件和吊装工艺确定。一般布置在建筑长边中点附近，可以用较小的臂长覆盖整个建筑和堆场［图3.1.1（a）］；若为群塔布置，则对向布置，可以在较小臂长、较大起重能力的情况下覆盖整个建筑［图3.1.1（b）］；也可以将塔式起重机布置在建筑核心位置处［图3.1.1（c）］。原则上，塔式起重机应置于距最重构件和吊装难度最大的构件最近处。例如，PC外挂板属于各类构件中重量最大的预制构件，其通常位于楼梯间位置，故塔式起重机宜布置在楼梯间一侧。

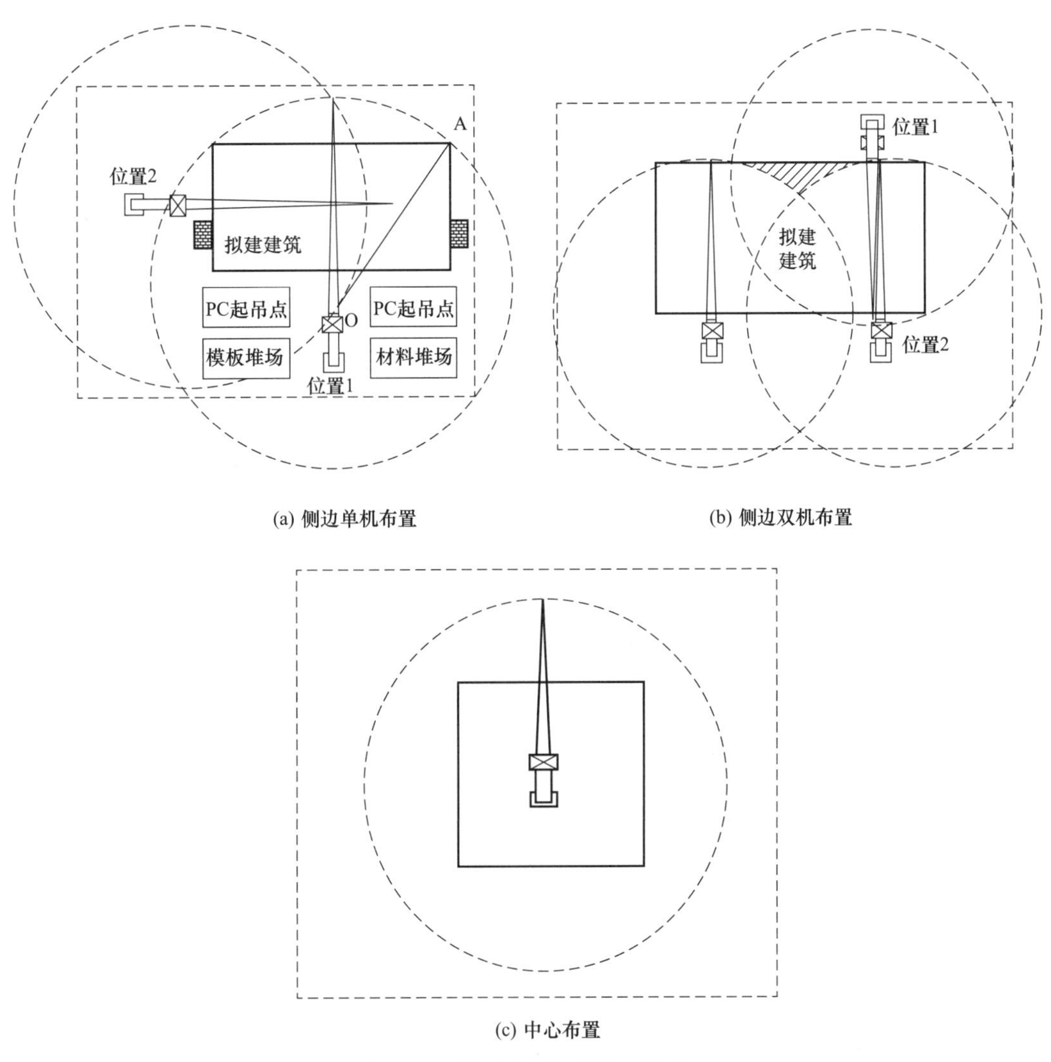

(a) 侧边单机布置

(b) 侧边双机布置

(c) 中心布置

图3.1.1 塔式起重机的布置方案

在确定好塔式起重机的位置后，还应绘制出塔式起重机的服务范围。在服务范围内，起重机应能将预制构件和材料运至任何施工地点，避免出现吊装死角。服务范围内还应有较宽敞的施工用地，主要临时道路也宜安排在塔式起重机的服务范围内，尤其是当现场不设置构件堆场时，构件运输至现场后须立即进行吊装。

若为轨道式塔式起重机，其轨道应沿建筑物的长向布置。通常可以采取单侧布置或双侧（环形）布置：当建筑物宽度较小、构件自重不大时，可采用单侧布置方式；当建筑物宽度较大、构件自重较大时，应采用双侧（环形）布置方式，如图3.1.2所示。对于轨道内侧到建筑物外墙皮的距离，当塔式起重机布置在无阳台等外伸部件一侧时，取决于支设安全网的宽度，一般为1.5m左右；当塔式起重机布置在阳台等外伸部件一侧时，要根据外伸部件的宽度决定，如遇地下室窗井时还应适当加大。布置时，须对塔式起重机行走轨道的场地进行碾压、铺轨，然后再安装塔式起重机，并在其周围设置排水沟。

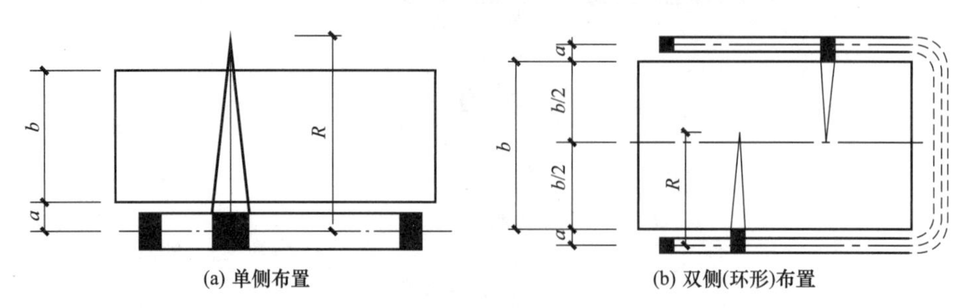

a—轨道中心到建筑物外墙皮的距离；b—建筑物外纵墙距离；R—起重机的工作半径。

图3.1.2　轨道式塔式起重机布置方案

装配式建筑施工塔式起重机除负责所有预制构件的吊运、安装外，还要进行建筑材料、施工机具的吊运，且预制构件的吊运占用时间长。因此，塔式起重机的任务繁重，常需进行群塔布置。群塔布置除考虑起吊能力和服务范围外，还应对其作业方案进行提前设计。在布置时，应结合建筑主体施工进度安排，进行高低塔搭配，确定合理的塔式起重机升节、附墙时间节点。相邻塔式起重机之间的最小架设距离应保证低位塔式起重机的起重臂端部与另一台塔式起重机的塔身之间至少有2m的距离，高位塔式起重机的最低位置的部件（或吊钩升至最高点或平衡重的最低部位）与低位塔式起重机的最高位置部件之间的垂直距离不应小于2m，如图3.1.3所示。

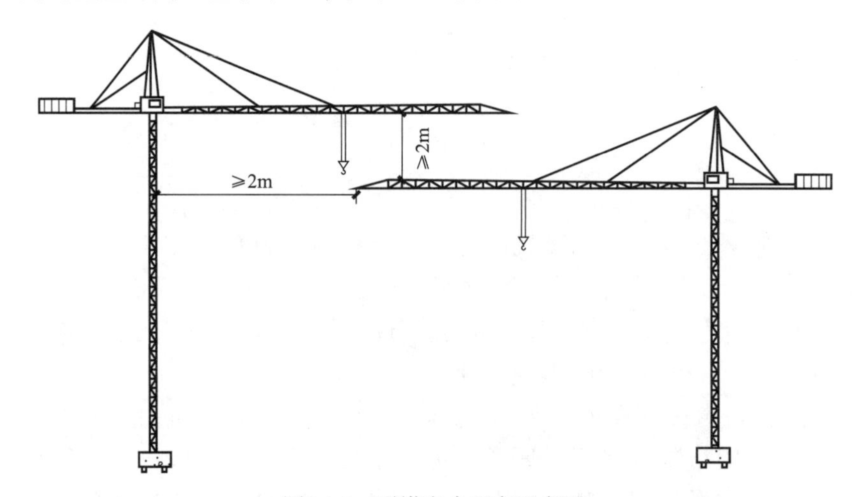

图3.1.3　群塔安全距离示意图

塔式起重机应与建筑物保持一定的安全距离。定位时，须结合建筑物总体综合考虑，应考虑距离塔式起重机最近的建筑物各层是否有外伸挑板、露台、雨篷、阳台或其他建筑造型等，防止其碰撞塔身。如建筑物外围设有外脚手架，则还须考虑外脚手架的设置与塔身的关系。《塔式起重机安全规程》（GB 5144—2006）规定，塔式起重机的尾部与周围建筑物及其外围施工设施之间的安全距离不小于0.6m，如图3.1.4所示。

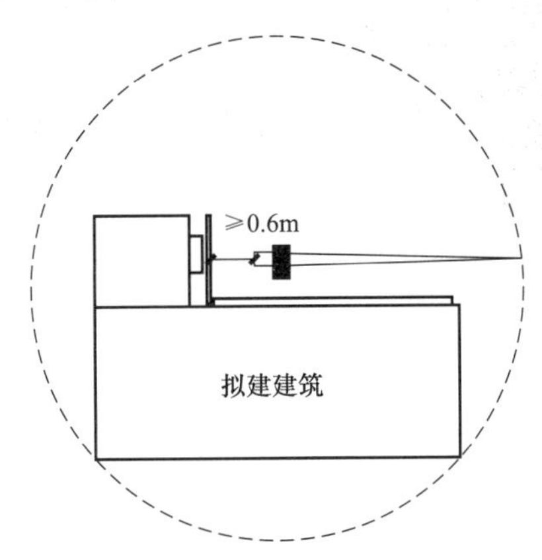

图3.1.4　塔式起重机的尾部与周围建筑物及其外围施工设施之间的安全距离

施工场地范围内有架空输电线时，塔式起重机与架空线路边线必须满足最小的安全距离，如表3.1.1所示。确实无法避免时，可考虑搭设防护架。

表3.1.1　塔式起重机与架空线路边线的最小安全距离

电压/kV		<1	1～15	20～40	60～110	220
安全距离/m	沿垂直方向	1.5	3.0	4.0	5.0	6.0
	沿水平方向	1.5	2.0	3.5	4.0	6.0

塔式起重机的布置应考虑工程结束后易于拆除，应保证降塔时塔式起重机的起重臂、平衡臂与建筑物无碰撞，有足够的安全距离。如果采用其他塔式起重机辅助拆除，则应考虑该辅助塔式起重机的起吊能力及服务范围。如果采用汽车式起重机等辅助吊装设备，应提前考虑拆除时汽车式起重机等设备的所在位置，是否有可行的行车路线与吊装施工场地。

塔式起重机的定位还须考虑塔式起重机基础与地下室的关系。如在地下室范围内，应尽量避免其与地下室结构梁、板等发生碰撞；如确实无法避免与结构梁、板等冲突时，应在与塔身发生冲突处的梁、板留设施工缝，待塔式起重机拆除后再施工。施工缝的留设位置应满足设计要求。如在地下室结构范围外，应主要考虑附墙距离、塔式起重机基础稳定性、基坑边坡稳定性等问题，如图3.1.5所示。

图3.1.5　塔式起重机基础与地下室之间的关系

选择可以设置塔式起重机附墙的位置布置塔机。从多栋建筑的高度和单体建筑的体型来考虑，塔机定位时应“就高不就低”，布置便于最高的建筑或部位，塔机的自由高度应能满足屋面的施工要求，拟附墙的楼层应有满足附墙要求的支承点，且塔身与支承点的距离应满足要求。装配式建筑外挂板、内墙板属于非承重构件，所以不得用作塔式起重机附墙连接。分户墙、外围护墙与主体同步施工，导致附着杆的设置受到影响，宜将塔式起重机定位在窗洞或阳台洞口位置，以便于将附着杆伸入洞口设置在主体结构上，如图3.1.6所示。如有必要，也可在外挂板及其他预制构件上预留洞口或设置预埋件，此时必须在开工前就下好构件工艺变更单，使在工厂预制时提前做好预留、预埋，不得采用事后凿洞或锚固的方式。

图3.1.6　塔式起重机附着杆的设置

此外，塔式起重机的布置应尽可能减少操作人员的视线盲区，在沿海风力较大的地区，宜根据当地的风向将塔式起重机布置在建筑物的背风面，尽量减少与其他建筑场地的干涉，尽量避免塔式起重机临街布置，防止吊物坠落伤及行人。

2. 自行式起重机的布置

若装配式建筑的构件数量少、吊装高度低，或者所布置的塔式起重机有作业盲区，可以选用汽车式或履带式等自行式起重机，或将两者配合使用，如图3.1.7所示。

自行式起重机行驶路线一般沿建筑物纵向一侧或两侧布置，也可以沿建筑物四周布置。吊装时的开行路线及停机位置主要取决于建筑物的平面布置、构件自重、吊装高度和吊装方法。起重机机身最突出部位到外墙皮的距离，应不小于起重机回转中心到建筑物外墙皮距离的一半，臂杆距屋顶挑檐的最小安全距离一般为0.6～0.8m，如图3.1.8所示。此外，现场还应满足自行式起重机的运转行走和固定等基本要求。

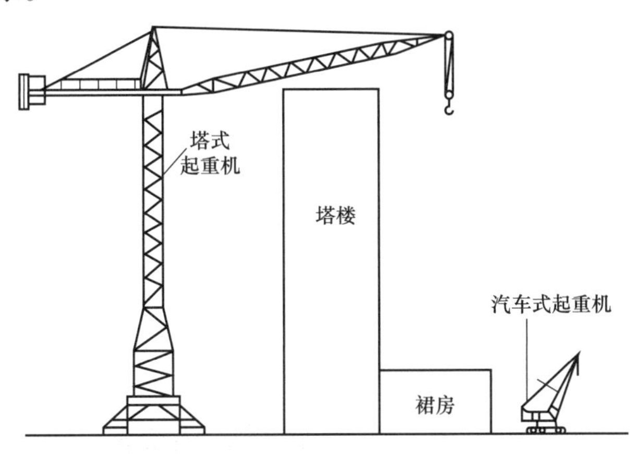

图3.1.7　塔式起重机和汽车式起重机配合的方案

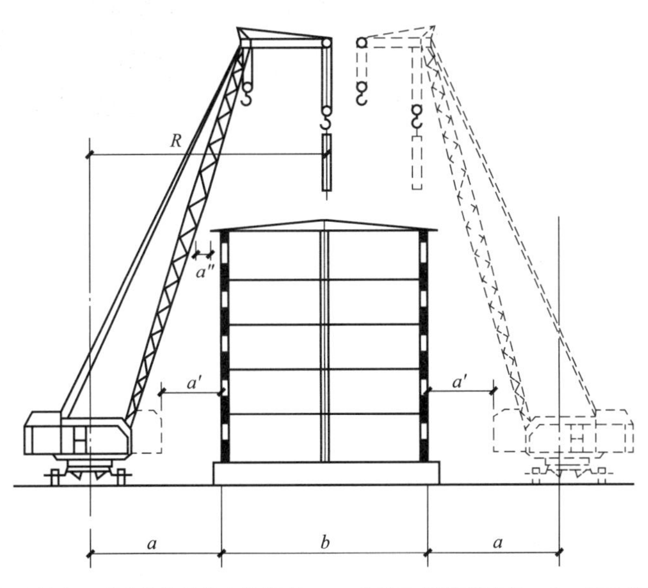

a—起重机回转中心到建筑物外墙皮的距离；b—建筑物外纵墙距离；a'—起重机机身最突出部位到外墙皮的距离；a''—臂杆距屋顶挑檐的最小安全距离；R—起重机的工作半径。

图3.1.8　履带式起重机行驶路线示意图

3.1.2　运输道路布置

预制构件的运输对构件的堆放、起吊等后续作业有较大的影响。因此，运输道路的布置是现场布置的重点内容，应对道路的线路规

运输道路布置
(教学视频)

划、宽度、转弯半径、坡度、承载能力等进行重点关注。

现场道路必须满足构件、材料的运输和消防要求。宜围绕单位工程设置环形道路，以保证构件运输车辆的通行顺畅，有条件的施工现场可分设进、出两个门，以充分发挥道路运输能力，缩短运输时间，便于进行车上起吊安装，加快施工进度，缩减临时堆放需求。现场道路应满足大型构件运输车辆对道路宽度、转弯半径和荷载的要求，在转弯处须适当加大路面宽度和转弯半径，道路宽度一般不小于4m，转弯半径弧度应大于工地最长车辆拐弯的要求。另外，也要考虑现场车辆进出大门的宽度以及高度，常用运输车辆宽4m、长16～20m。

现场道路的面层须硬化，路面要平整、坚实，硬化可以采用现浇混凝土，也可以预制钢筋混凝土大板或敷设钢板，以便于回收利用，如图3.1.9所示。道路两侧应设置排水沟，以利于雨期排水。

图3.1.9　预制钢筋混凝土大板路面和钢板敷设路面

除对现场道路进行规划设计之外，必须对部品运输路线中桥涵限高、限行进行实地勘察，以满足要求，如有超限部品的运输，应当提前办理特种车辆运输手续。

3.1.3　预制构件和材料堆放区布置

预制构件和材料堆放区布置
(教学视频)

装配式建筑的构件安装施工计划应尽可能考虑将构件直接从车上吊装，减少构件的现场临时存放，从而可以缩小甚至不设置存放场地，大大减少起重机的工作量，提高施工效率。但是在实际施工过程中，由于施工车辆在某些时段和区域限行或限停，工地通常不得不准备构件临时堆放场地。

预制构件堆放区的空间大小应根据构件的类型和数量、施工现场空间大小、施工进度安排、构件工厂生产能力等综合确定，在场地空间有限的情况下，可以合理组织构件生产、运输、存放和吊装的各个环节，使之紧密衔接，尽可能缩短构件的存放时间和减少存放量以节约堆放空间。场地空间还应考虑构件之间设置人行通道，以方便现场人员作业，通常道路宽度不宜小于600mm。

预制构件堆放区的空间位置要根据吊装机械的位置或行驶路线来确定，应使其位于吊装机械有效作业范围内，以缩短运距、避免二次搬运，从而减少吊装机械空驶或负荷行驶，但同时不得在高处作业区下方，特别注意避免坠落物砸坏构件或造成污染。距建筑物周围3m范围内为安全禁区，不允许堆放任何构件和材料。各类型构件的布置须满足吊装工艺的要求，尽可能将各类型构件在靠近使用地点布置，并首先考虑重型构件。构件存放区域要设置隔离围挡或车挡，避免构件被工地车辆碰撞损坏。

场地要根据构件类型和尺寸划分区域设置，要充分利用建筑物两端空地及吊装机械工作半径范围内的其他空地，也可以将构件根据施工进度安排存放到地下室顶板或已经完工的楼层上，但必须征得设计人员的同意，楼盖承载力应满足堆放要求。楼板、屋面板、楼梯、休息平台板、通风道等预制构件，一般沿建筑物堆放在墙板的外侧。结构安装阶段需要吊装到楼层的零星构配件、混凝土、砂浆、砖、门窗、管材等材料的堆放，应视现场具体情况而定。对这些构件和材料应确定数量，组织吊次，按照楼层布置的要求，随每层结构安装逐层吊运到楼层指定地点。

构件堆放场的地面应平整、坚实，尽可能采用硬化面层，否则场地应当夯实，表面铺砂石，如图3.1.10所示。场地应有良好的排水措施。卸放和吊装工作范围内不应有障碍物，并应有满足预制构件周转使用的场地。

图3.1.10 预制构件堆场地面硬化

装配式民用建筑施工平面布置见图3.1.11。

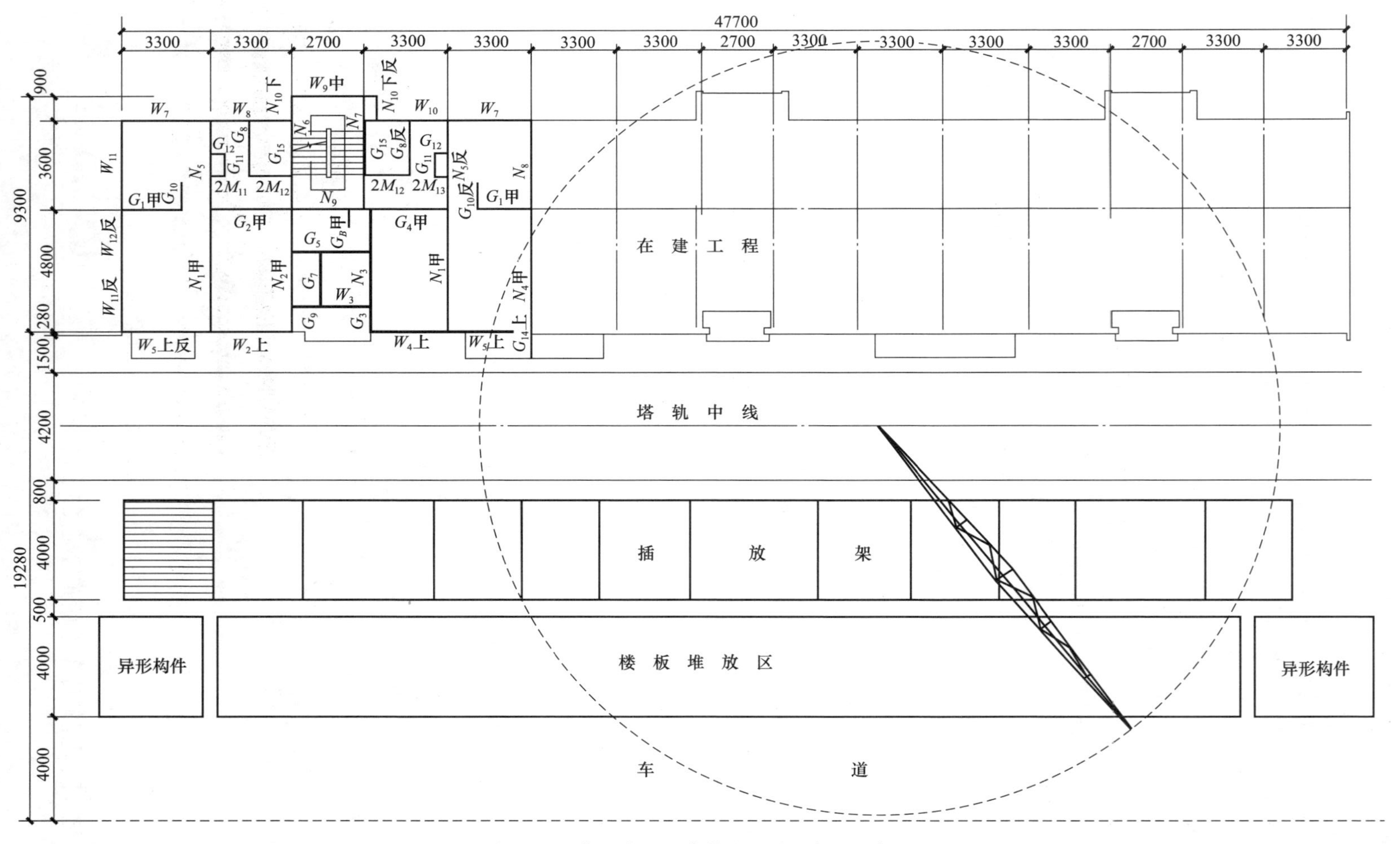

图3.1.11 装配式民用建筑施工平面布置示意图

3.2 起重机械配置

想一想

现浇钢筋混凝土工程施工中，起重机械常用来吊装钢筋、水泥、墙体材料、模板等，而预制装配式工程施工中，除吊装上述材料外，更主要的是吊装各种预制构件，请思考一下这两类吊装作业对起重机械的要求有何不同？

与现浇相比，装配式建筑施工的重要环节是吊装作业，且起重量大幅度增加。根据具体工程构件重量不同，起重量一般在5～14t。剪力墙工程的起重量比框架或筒体工程的起重量要小一些。

3.2.1 起重机械的类型

起重机械配置
（教学视频）

装配式建筑施工常用的吊装机械有自行式起重机和塔式起重机。自行式起重机有履带式起重机、轮胎式起重机和汽车式起重机。塔式起重机有轨道式塔式起重机、爬升式塔式起重机和附着式塔式起重机。

1. 履带式起重机

履带式起重机（图3.2.1）由回转台和履带行走机构两部分组成。履带式起重机操作灵活，使用方便，本身能回转360°。在平坦坚实的地面上能负荷行驶，吊物时可退可进。此类起重机对施工场地要求不严，可在不平整泥泞的场地或略加处理的松软场地（如垫道木，铺垫块石、厚钢板等）行驶和工作。履带式起重机的缺点是自重大，行驶速度慢，转向不方便，易损坏路面，转移时需用平板拖车装运。履带式起重机适于各种场合，可吊装大、中型构件，是装配式结构工程中广泛使用的起重机械，尤其适合于地面松软、行驶条件差的场合。

2. 轮胎式起重机

轮胎式起重机（图3.2.2）构造与履带式起重机基本相同，只是行走接触地面的部分改用轮胎而不是履带。轮胎式起重机机动性高、行驶速度快、操作和转移方便，有较好的稳定性，起重臂多为伸缩式，长度可调，对路面无破坏性，在平坦地面上可不用支腿进行小起重量吊装及吊物低速行驶。其缺点是吊重时一般须放下支腿，不能行走，工作面受到一定的限制，对构件布置、排放要求严格；施工场地须平整、碾压坚实，在泥泞场地行走困难。轮胎式起重机适用于装卸一般吊装工程中较高、较重的构件，尤其适合于路面平整坚实或不允许损坏的场合。

图3.2.1　履带式起重机　　图3.2.2　轮胎式起重机

3. 汽车式起重机

汽车式起重机是把起重机构装在汽车底盘上，起重臂杆采用高强度钢板做成箱形结构，吊臂可根据需要自动逐节伸缩，其外形如图3.2.3所示。汽车式起重机行走速度快，转向方便，对路面不会造成损坏，符合公路车辆的技术要求，可在各类公路上通行。其缺点是在工作状态下必须放下支腿，不能负荷行驶，工作面受到限制；对构件放置有严格要求；施工场地须平整、碾压坚实；不适合在松软或泥泞的场地上工作。汽车式起重机适用于临时分散的工地以及物料装卸、零星吊装和需要快速进场的吊装作业。

图3.2.3　汽车式起重机

4. 轨道式塔式起重机

轨道式塔式起重机是一种能在轨道上行驶的起重机，又称自行式塔式起重机，其外形如图3.2.4所示。这种起重机的优点是可负荷行驶，使用安全，生产效率高，起重高度可按需要通过增减塔身、互换节架来调节。但其缺点是须铺设轨道、占用施工场地过大，塔架高度和起重量较固定式的小。

图3.2.4　轨道式塔式起重机

5. 爬升式塔式起重机

爬升式塔式起重机是安装在建筑物内部电梯井、框架梁或其他合适开间的结构上，随建筑物的升高向上爬升的起重机械，其外形如图3.2.5所示。通常每吊装1～2层楼的构件后，向上爬升一次。这类起重机主要用于高层（10层以上）结构安装。其优点是机身体积小，重量轻，安装简单，不占施工场地，适用于现场狭窄的高层建筑结构安装；缺点是全部荷载由建筑物承受，需要做结构承载验算，必要时须做加固，施工结束后拆卸复杂，一般须设辅助起重机进行拆卸。

6. 附着式塔式起重机

附着式塔式起重机是固定在建筑物近旁混凝土基础上的起重机械，它可借助顶升系统随着建筑施工进度而自行向上接高。为了减小塔身的自由高度，规定每隔14～20m将塔身与建筑物用锚固装置联结起来，其外形如图3.2.6所示。其优点是起重高度高，地面所占的空间较小，可自行升高，安装方便，适用于高层建筑施工；缺点是需要增设附墙支撑，对建筑结构有一定的水平力作用，拆卸时所需场地大。

图3.2.5 爬升式塔式起重机

图3.2.6 附着式塔式起重机

3.2.2 配置要求

起重机械的选择应根据建筑物结构形式、构件最大安装高度和重量、作业半径及吊装工程量等条件来进行。选型之前，要先对构筑物各部分的构件重量进行计算，校验其重量是否与起重机的起吊重量相匹配，并适当留有余量；再综合起重机实际的起重力矩、建筑物高度等方面的因素进行确定。所采用的起重设备及其施工操作均应符合现行国家标准及产品应用技术手册的规定。吊装开始前，应复核吊装机械是否满足吊装重量、吊装力矩、构件尺寸及作业半径等施工要求，并调试合格。

吊装机械的选型应根据其工作半径、起重量、起重力矩和起重高度来确定，并应满足以下要求：

（1）工作半径。工作半径是指吊装机械回转中心线至吊钩中心线的水平距离，包括最大幅度与最小幅度两个参数，应重点考查最大幅度条件下是否能满足施工需要。

（2）起重量。起重量是指起重机在各种工况下安全作业所容许的最大起吊重量，包括PC构件、吊具、索具等的重量。对于PC构件起吊及落位整个过程是否超荷，须进行塔吊起重能力验算。

（3）起重力矩。起重力矩是指起重机的幅度与在此幅度下相应的起重量的乘积，它能比较全面和确切地反映塔式起重机的工作能力。塔式起重机的起重力矩一般控制在其额定起重力矩的75%时，才能保证作业安全并延长其使用寿命。

（4）起重高度。起重高度是指从地面至吊钩中心的垂直距离，一般应根据建筑物的总高度、预制构件的最大高度、安全生产高度、索具高度、脚手架构造尺寸及施工方法等综合确定，如图3.2.7所示。当为群塔施工时，还须考虑群塔间的安全垂直距离。

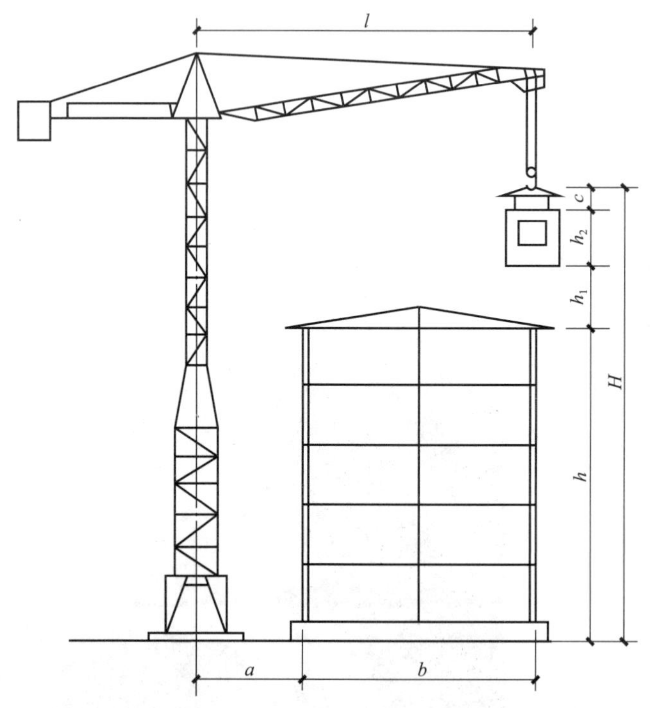

图3.2.7　吊装机械起吊高度示意图

$$H=h+h_1+h_2+c$$

式中：h——吊装机械停放平面到建筑物顶部距离；

h_1——建筑物顶部与起吊构件下部的安全生产距离；

h_2——预制构件的最大高度；

c——索具高度。

知识拓展 

塔式起重机简称塔机，也称塔吊，起源于西欧。据记载，第一项有关建筑用塔机专利颁发于1900年。1905年出现了塔身固定并装有臂架的起重机，1923年制成了近代塔机的原型样机，同年出现第一台比较完整的近代塔机。1930年德国开始批量生产塔机，并用于建筑施工。1941年，有关塔机的德国工业标准DIN8770公布。该标准规定，以吊载（t）和幅度（m）的乘积（t•m）（即起重力矩）来表示塔机的起重能力。

3.3 索具、吊具和机具的配置

索具、吊具、机具
（教学视频）

想一想

索具的极限工作载荷是通过单肢吊索在垂直悬挂时允许承受物品的最大质量来计算的，请问该极限工作荷载是否是索具的最大安全工作载荷？

按行业习惯，我们把系结物品的挠性工具称为索具或吊索，把用于起重吊运作业的刚性取物装置称为吊具，把在工程中使用的由电动机或人力通过传动装置驱动带有钢丝绳的卷筒或环链来实现载荷移动的机械设备称为机具。索具与吊具的选用应与所吊构件的种类、工程条件及具体要求相适应。吊装方案设计时，应对索具和吊具进行验算，索具不得超过其最大安全工作载荷，吊具不得超过其额定起重量。作业前应对其进行检查，当确认各功能正常、完好后，再投入使用。

3.3.1 索具

索具是指为了实现物体挪移，系结在起重机械与被起重物体之间的受力工具，以及用于稳固空间结构的受力构件。索具主要有金属索具和纤维索具两大类。金属索具主要有钢丝绳、链条［图3.3.1（a）、（b）］等。纤维索具主要有用天然纤维或锦纶、丙纶、涤纶、高强高模聚乙烯纤维等合成纤维生产的绳类和带类索具［图3.3.1（c）］。

索具
（教学视频）

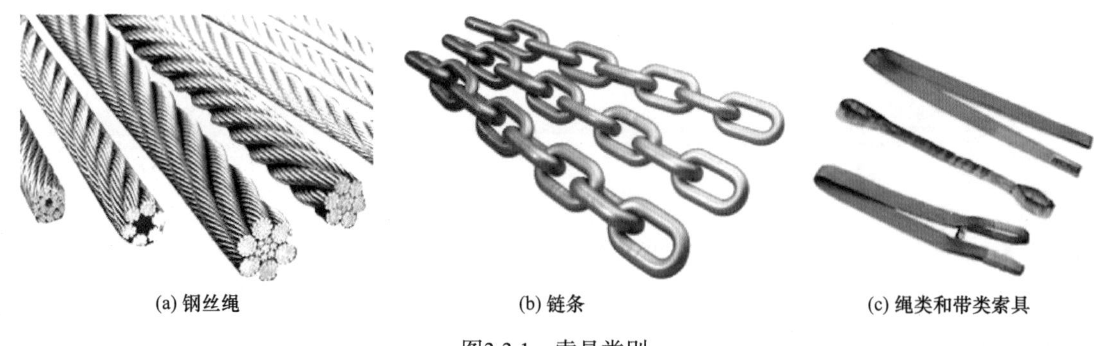

(a) 钢丝绳　　(b) 链条　　(c) 绳类和带类索具

图3.3.1　索具类别

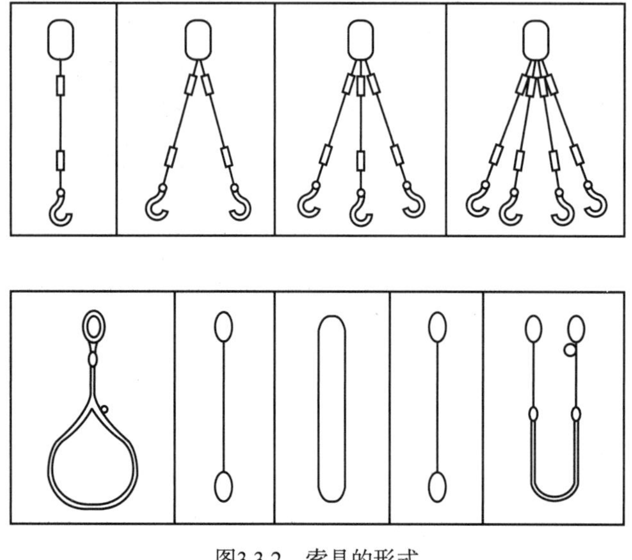

图3.3.2　索具的形式

索具的形式如图3.3.2所示。其使用形式随着物品形状、种类的不同而有不同的悬挂角度和吊挂方式，同时使得索具的许用载荷发生变化。钢丝绳、链条、绳类和带类索具的极限工作载荷是以单肢垂直悬挂确定的。最大安全工作荷载等于吊挂方式系数乘以标记在索具单独分肢上的极限工作荷载。在实际工作中，只要实际荷载小于最大安全工作荷载，即满足索具的安全使用条件。索具在装配式混凝土工程中的使用如图3.3.3所示。

图3.3.3　索具在装配式混凝土工程中的使用

图3.3.3（续）

1．钢丝绳

钢丝绳是吊装工作中的常用索具，它具有强度高、韧性好、耐磨性好等优点。同时，磨损后外表产生毛刺，容易发现，便于预防事故的发生。

在结构吊装中，常用的钢丝绳由6股钢丝和1股绳芯（一般为麻芯）捻成，每股钢丝又由多根直径为0.4～4.0mm的高强钢丝和股芯捻成（图3.3.4）。其捻制方法有右交互捻（ZS）、左交互捻（SZ）、右同向捻（ZZ）和左同向捻（SS）4种（图3.3.5）。结构吊装中常用交互捻绳，因为这一类钢丝绳强度高，吊重时不易扭结和旋转。

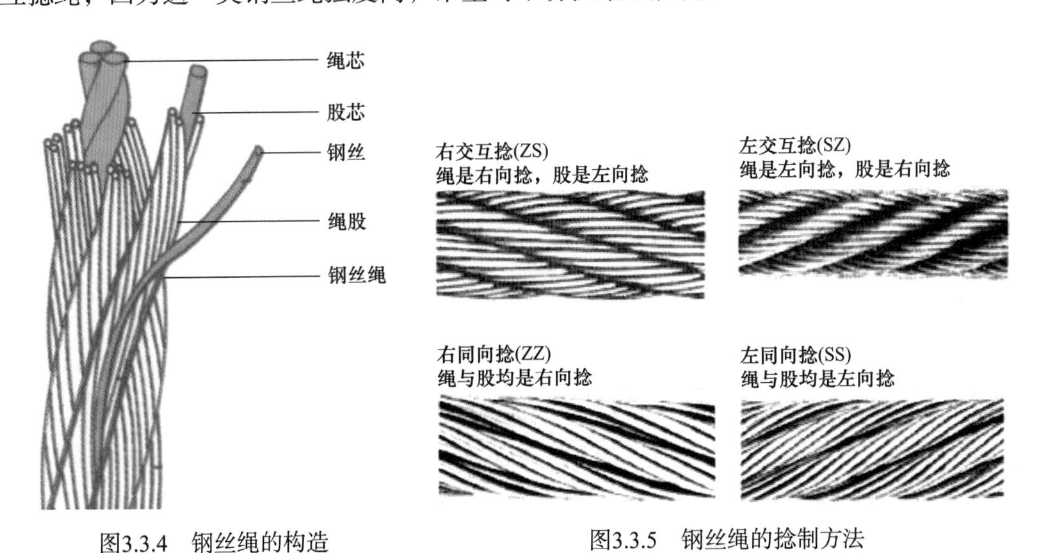

图3.3.4 钢丝绳的构造

图3.3.5 钢丝绳的捻制方法

每条索具在每一次使用前必须要检查，已损坏的索具不得使用。钢丝绳如有下列情况之一者，应予以报废：钢丝绳磨损或锈蚀达直径的40%以上；钢丝绳整股破断；使用时断丝数目增加较快。钢丝绳每一节距长度范围内，断丝根数不允许超过规定的数值。一个节距是指某一搓钢丝绳绕一周的长度，约为钢丝绳直径的8倍。

钢丝绳的节距及直径的正确量法分别如图3.3.6和图3.3.7所示。

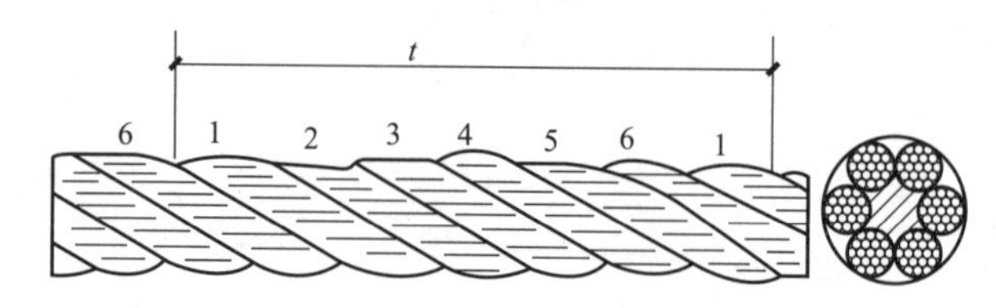

图3.3.6　钢丝绳节距的量法

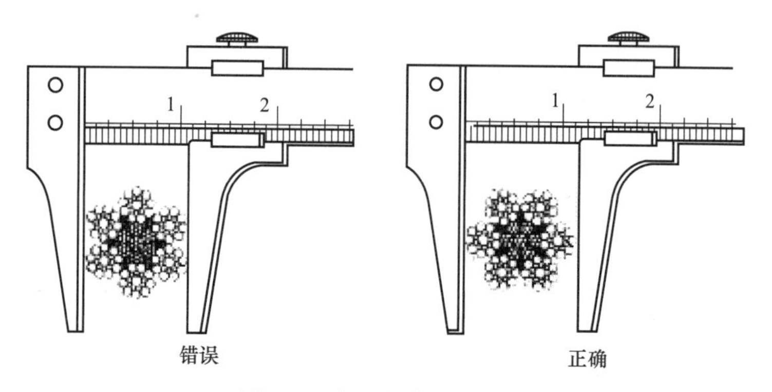

图3.3.7　钢丝绳直径的量法

2. 吊链

吊链是由短环链组合成的挠性件。短环链由钢材焊接而成。由于材质不同，吊链分为M（4）、S（6）和T（8）3个强度等级。其优点是承载能力大，可以耐高温，因此多用于冶金行业；缺点是对冲击载荷敏感，发生断裂时无明显的先兆。

吊链使用前，应进行全面检查。准备提升时，链条应伸直，不得扭曲、打结或弯折。当发生以下情形之一时应予以报废：链环发生塑性变形，伸长达原长度的5%；链环之间以及链环与端部配件连接接触部位磨损减小到原公称直径的80%；其他部位磨损减少到原公称直径的90%；出现裂纹或高拉应力区的深凹痕、锐利横向凹痕；链环修复后，未能平滑过渡或直径减少量大于原公称直径的10%；扭曲、严重锈蚀以及积垢不能加以排除；端部配件的危险断面磨损减少量达原尺寸的10%；有开口度的端部配件，开口度比原尺寸增加10%。

3. 白棕绳及合成纤维绳

白棕绳以剑麻为原料，具有滤水、耐磨和富有弹性的特点，可承受一定的冲击载荷。以聚酰胺、聚酯、聚丙烯为原料制成的纤维绳和带，因具有比白棕绳更高的强度和吸收冲击能量的特性，已广泛地使用于起重作业中。纤维吊带使用前必须逐段仔细检查，避免带隐患作业，不允许和有腐蚀性的化学物品（如碱、酸等）接触，不应有扭转打结现象。白棕绳应放在干燥、通风良好处储存保管，合成纤维绳应避免在紫外线辐射下及热源附近存放。

为防止极限工作载荷标记磨损不清发生错用，合成纤维吊带以颜色进行区分：紫色为1000kg；绿色为2000kg；黄色为3000kg；红色为5000kg；蓝色为8000kg；橘黄色为10000kg以上，如图3.3.8所示。

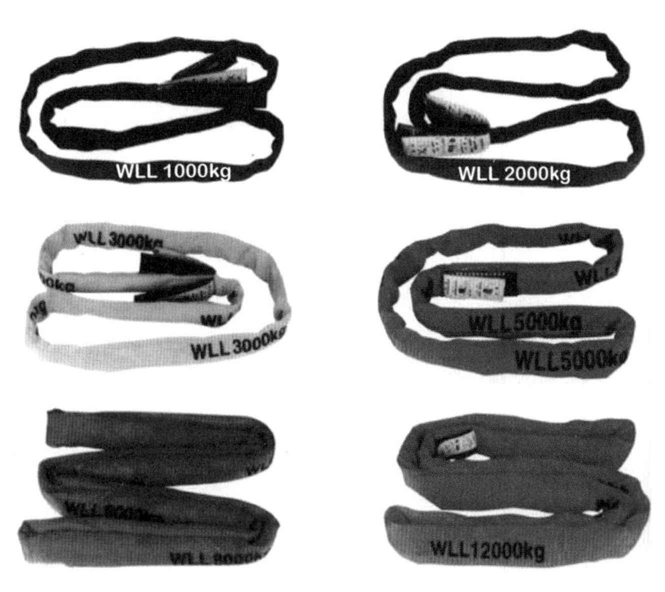

图3.3.8 合成纤维吊带

吊具（教学视频）

3.3.2 吊具

吊具是指起重机械中吊取重物的装置。常用的有吊钩、吊环、卸扣、钢丝绳夹头（卡扣）和横吊梁等。

1. 吊钩

吊钩是起重机械中最常见的一种吊具。吊钩常借助于滑轮组等部件使用，悬挂在起升机构的钢丝绳上。吊钩按形状分为单钩和双钩（图3.3.9），钩挂重量在80t以下时常用单钩，双钩用于80t以上大型起重机装置。在吊装施工中常用单钩。吊钩按制造方法分为锻造吊钩和叠片式吊钩。

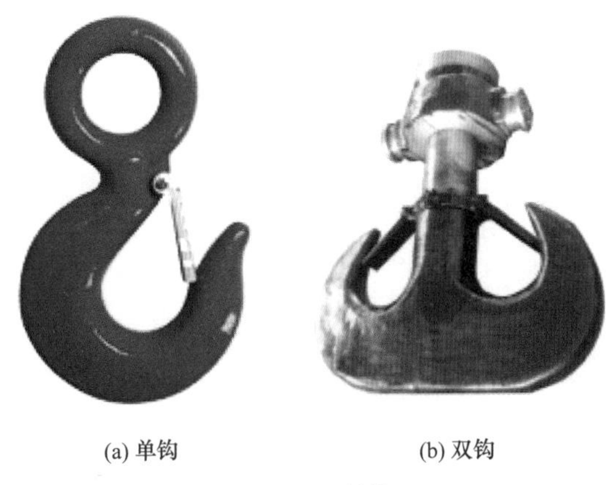

(a) 单钩　(b) 双钩

图3.3.9 吊钩

对吊钩应经常进行检查，若发现吊钩有下列情况之一时，必须报废更换：表面有裂纹、开口，开口度比原尺寸增加15%；危险断面及钩颈有永久变形，扭转变形超过10°；挂绳处断面磨损超过原高度的10%；危险断面与吊钩颈部产生塑性变形。

2. 吊环

吊环一般是作为吊索、吊具钩挂起升至吊钩的端部件。吊环主要用在重型起重机上，但有时中型和小型起重机载重量低至5t时也可采用。因为吊环为一全部封闭的形状，所以其受力情况比开口的吊钩要好；但其缺点是钢索必须从环中穿过。根据吊索分肢数的多少，吊环可分为主环和中间主环。根据形状分类，吊环分为圆吊环、梨形吊环、长吊环等，如图3.3.10所示。吊环出现以下情况之一应及时更换：吊环任何部位经探伤有裂纹或用肉眼看出的裂纹；吊环出现明显的塑性变形；吊环的任何部位磨损量大于原尺寸的2.5%；吊环直径磨损或锈蚀超过公称直径的10%；长吊环内长L变形率达5%以上。

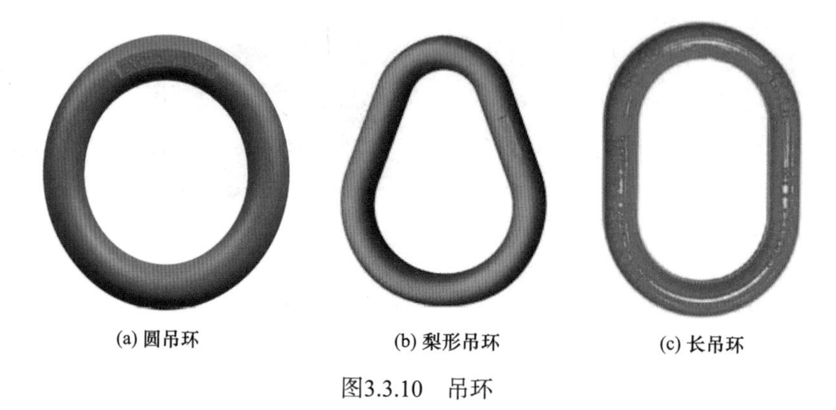

(a) 圆吊环　　(b) 梨形吊环　　(c) 长吊环

图3.3.10　吊环

吊环螺栓是一种带螺杆的吊环，属于一类标准紧固件，其主要作用是起吊载荷，通常用于设备的吊装，如图3.3.11所示。吊环螺栓在预制混凝土构件中使用时，要求经设计预埋相应的螺孔。例如，预制构件上部起吊位置设置套筒，可以利用吊环螺栓和预埋套筒螺钉进行连接。吊环螺栓（包括螺杆部分）应整体锻造无焊接。吊环螺栓应定期检查，特别注意以下事项：标记应清晰；螺纹应无磨损、锈蚀及损坏；螺纹中无碎屑；螺杆应无弯曲，环眼无变形，切削加工的直径无减小，还应无裂口、裂纹、擦伤或锈蚀等任何损坏现象。

图3.3.11　吊环螺栓

3．卸扣

卸扣又称卡环，用于绳扣（如钢丝绳）与绳扣、绳扣与构件吊环之间的连接，是起重吊装作业中应用较广的连接工具。卸扣由弯环与销子（又叫芯子）两部分组成，一般都采用锻造工艺，并经过热处理，以消除卸扣在锻造过程中的内应力，增加卸扣的韧性。按销子与弯环的连接形式，卸扣分为D形和弓形两类（图3.3.12）。

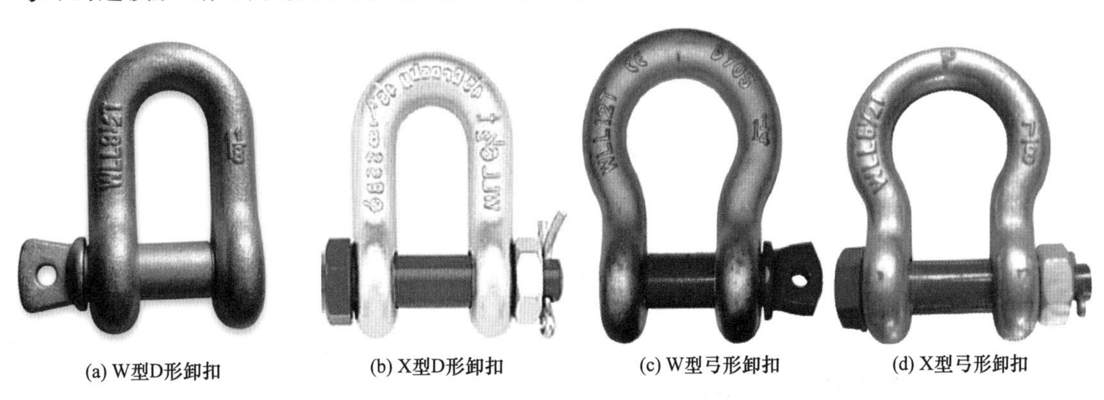

(a) W型D形卸扣　(b) X型D形卸扣　(c) W型弓形卸扣　(d) X型弓形卸扣

图3.3.12　卸扣

当卸扣出现以下情形之一时应报废：有明显永久变形或轴销不能自如转动；扣体和轴销任何一处截面磨损量达原尺寸的10%以上；卸扣任何一处出现裂纹；卸扣不能闭锁；卸扣试验检验不合格。

4．钢丝绳夹头（卡扣）

钢丝绳夹头（卡扣）用来连接两根钢丝绳，也称绳卡、线盘。通常用的钢丝绳夹头（卡扣）有骑马式、压板式和拳握式3种，其中骑马式卡扣（图3.3.13）连接力最强，目前应用最广泛。钢丝绳夹头（卡扣）的使用安装方法如图3.3.14所示。

图3.3.13　骑马式卡扣

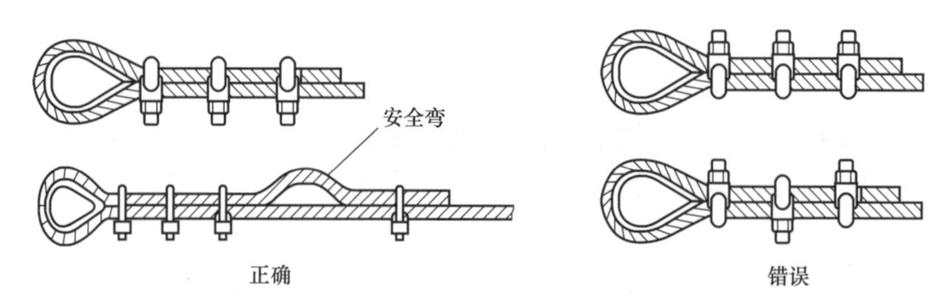

图3.3.14 钢丝绳夹头（卡扣）的使用安装方法

5. 横吊梁

横吊梁又称为铁扁担，可用于柱、梁、墙板、叠合板等构件的吊装。用横吊梁吊装构件容易使构件保持垂直，便于安装，且可以降低起吊高度，减少吊索的水平分力对构件的压力。图3.3.15所示为使用横吊梁吊装预制梁和墙板。

图3.3.15 使用横吊梁吊装预制梁和墙板

常用的横吊梁有滑轮横吊梁、钢板横吊梁、钢管横吊梁等，如图3.3.16所示。

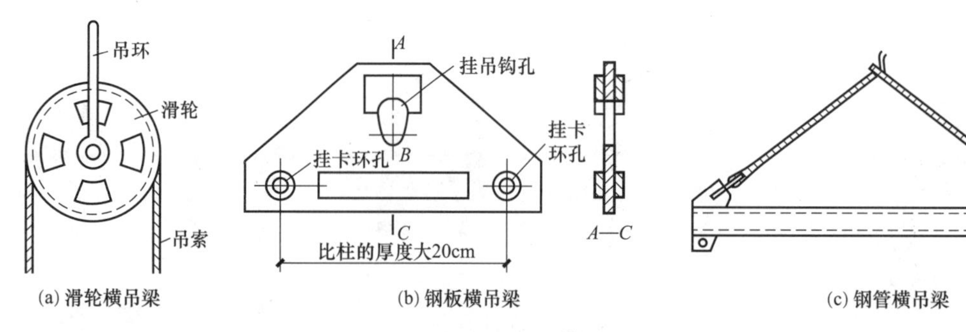

图3.3.16 横吊梁

横吊梁还可形成二维的平面吊装架，适用于一些较大的薄型构件或集成度较高的部品，以进一步减小各吊索的水平分力对构件的压力，使构件的吊装受力更加合理，如图3.3.17所示。

图3.3.17 平面吊装架的使用

3.3.3 机具

1. 滑轮组

滑轮组是由一定数量的定滑轮和动滑轮以及绳索组成的。滑轮组既能省力又可改变力的方向。滑轮组是起重机械的重要组成部分。通过滑轮组能用较小拉力的卷扬机起吊较重的构件。

机具
（教学视频）

滑轮组根据跑头（滑车组的引出绳头）引出的方向不同，可分为以下3种类型（图3.3.18）。其中，图3.3.18（a）所示为自动滑轮引出，用力方向与重物的移动方向一致；图3.3.18（b）所示为自定滑轮引出，用力方向与重物的移动方向相反；图3.3.18（c）所示为双联滑轮组，有两个跑头，速度快，滑轮受力比较均匀，可用两台卷扬机同时牵引。

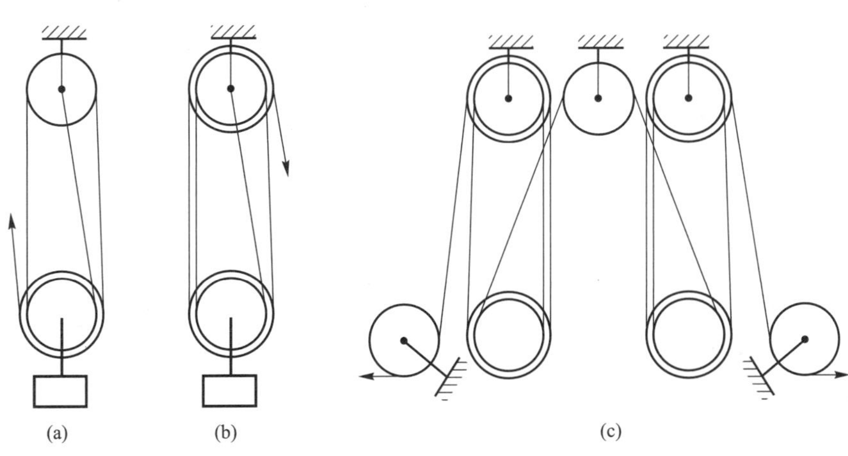

图3.3.18 滑轮组种类

2. 卷扬机

卷扬机又称绞车，是用卷筒缠绕钢丝绳或链条提升或牵引重物的轻小型起重设备。卷扬机有手动卷扬机和电动卷扬机两种，工程中以电动卷扬机为主。在建筑施工中，常用的电动卷扬机有快速和慢速两种，如图3.3.19所示。快速电动卷扬机主要用于垂直、水平运输和打桩作业，慢速电动卷扬机主要用于结构吊装、钢筋冷拉和预应力钢筋张拉作业。常用的电动卷扬机的牵引力一般为1～10t（10～100kN）。

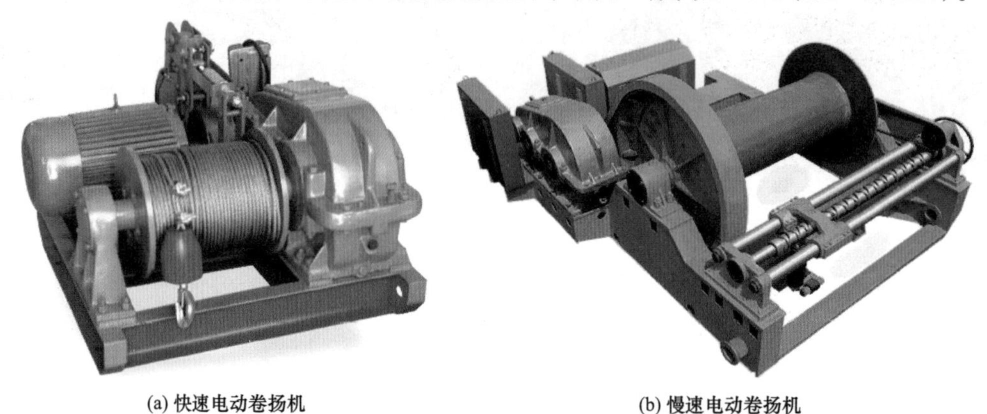

(a) 快速电动卷扬机　(b) 慢速电动卷扬机

图3.3.19　卷扬机

卷扬机在使用时必须做可靠的锚固，以防止在工作时产生滑移或倾覆。根据牵引力的大小，卷扬机的固定方法有4种，如图3.3.20所示。卷扬机的安装位置应使操作人员能看清指挥人员或起吊（拖动）的重物。卷扬机至构件安装位置的水平距离应大于构件的安装高度，以保证操作人员的视线仰角不大于45°。

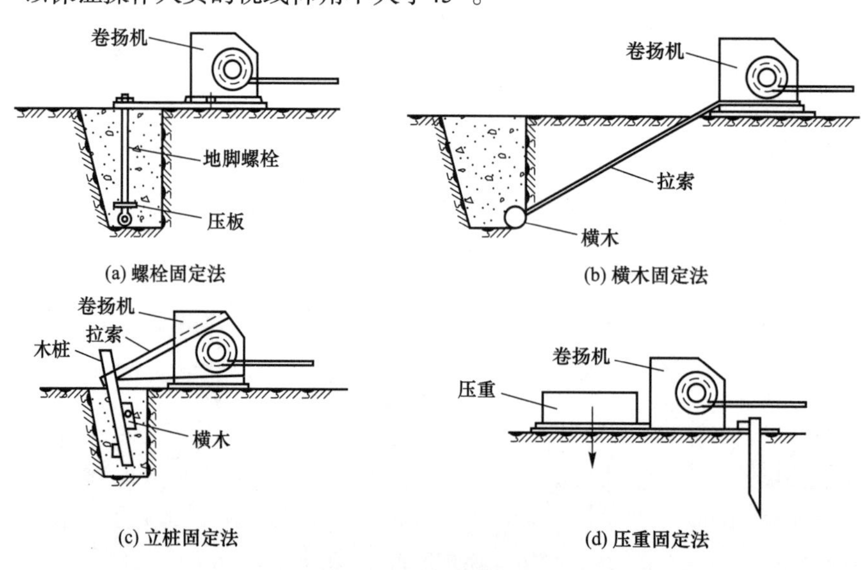

(a) 螺栓固定法　(b) 横木固定法

(c) 立桩固定法　(d) 压重固定法

图3.3.20　卷扬机的固定方法

3. 葫芦

葫芦是由装在公共吊架上的驱动装置、传动装置、制动装置以及挠性卷放装置，或夹持装置带动取物装置升降的轻型起重设备，分为手动葫芦和动力葫芦两类。手动葫芦有手拉葫芦和手扳葫芦两种；动力葫芦有电动葫芦和气动葫芦两种，如图3.3.21所示。

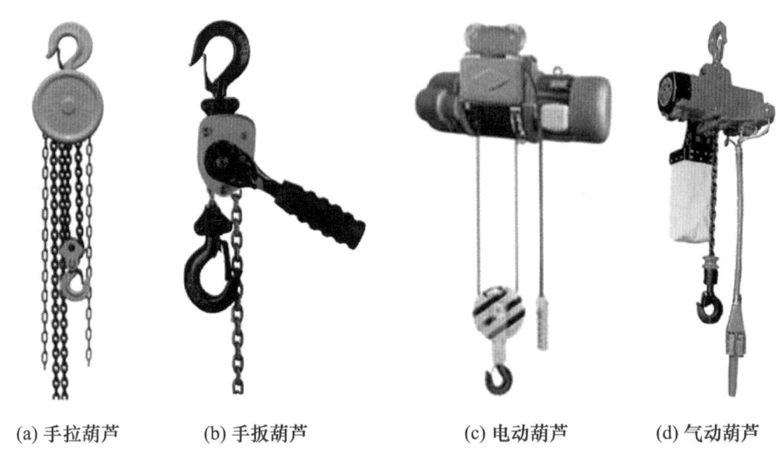

(a) 手拉葫芦　(b) 手扳葫芦　(c) 电动葫芦　(d) 气动葫芦

图3.3.21　葫芦的种类

手动葫芦重量轻、体积小、携带方便、操作简单，适应各种作业环境，应用广泛。手动葫芦可用于小型设备和各类重物的短距离移位安装；大型构件吊装时须进行轴线找正，拉紧绳索和缆风绳等。

动力葫芦安装于起重机支架上，用来升降和运移物品，一般由人在地面使用尾线控制按钮跟随操控或在驾驶室内操控，也有的采用无线远距离遥控的方式。

施工工具的配置

施工机具的配置
（教学视频）

想一想

灌浆作业是装配式混凝土结构施工的重要环节，直接影响到装配式建筑的结构安全。灌浆作业中需要配备测温计，请思考为什么需要用测温计来监控温度。

装配式混凝土建筑的施工工具与现浇混凝土工程相比有很大的不同，除前述各类索具、吊具和机具等之外，还需要用到灌浆工具、地锚、千斤顶、调压器、空压机、模板、支撑、专用扳手、套筒扳手、电动扳手、卷尺、水平尺、侧墙固定器、转角固定器、水平拉杆、垫铁、钢楔、木楔，以及各类螺栓、垫片、垫环等。这些工具应根据施工工艺要求、施工进度计划等进行配置，进场时必须根据设计图样和有关规范进行验收和保管。所有施工工具应根据预制构件形状、尺寸及重量等参数进行配置，并按照现行国家有关标准的规定进行设计、验算或试验检验，并经认定合格后方可投入使用。

3.4.1 灌浆工具

灌浆工具
(教学视频)

灌浆工具包括浆料搅拌工具、灌浆泵、灌浆枪和灌浆检验工具等。浆料搅拌工具包括砂浆搅拌机、电子秤、搅拌桶、测温计、计量计等，如图3.4.1所示。搅拌机可以采用手持式，也可以采用固定式；电子秤量程通常为30～50kg，精度约0.01kg，水的称量通常用量杯；由于灌浆料通常需要在30min内使用，因此一次搅拌量不宜过多，搅拌桶体积不宜过大，通常为30L左右；测温计用来根据灌浆工艺的需要监控环境温度和浆料温度。

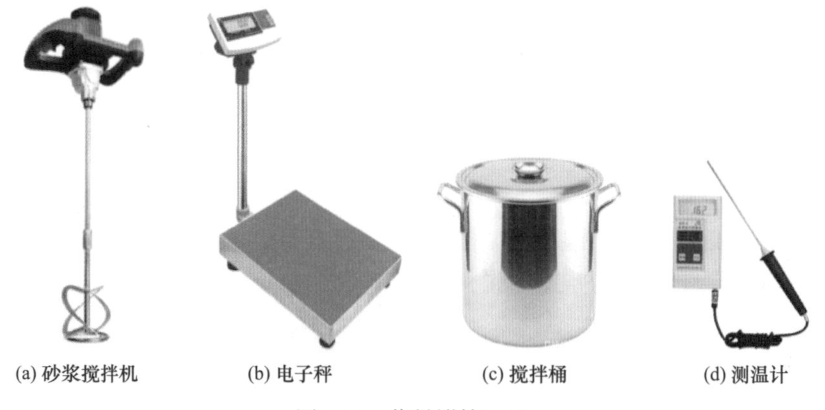

(a) 砂浆搅拌机　(b) 电子秤　(c) 搅拌桶　(d) 测温计

图3.4.1　浆料搅拌工具

灌浆作业可以采用灌浆泵或灌浆枪，如图3.4.2所示。灌浆泵应至少配备2台，以防在灌浆作业阶段突发损坏影响作业进度和质量。

灌浆检验工具包括流动度截锥试模、带刻度钢化玻璃板、试块试模等。

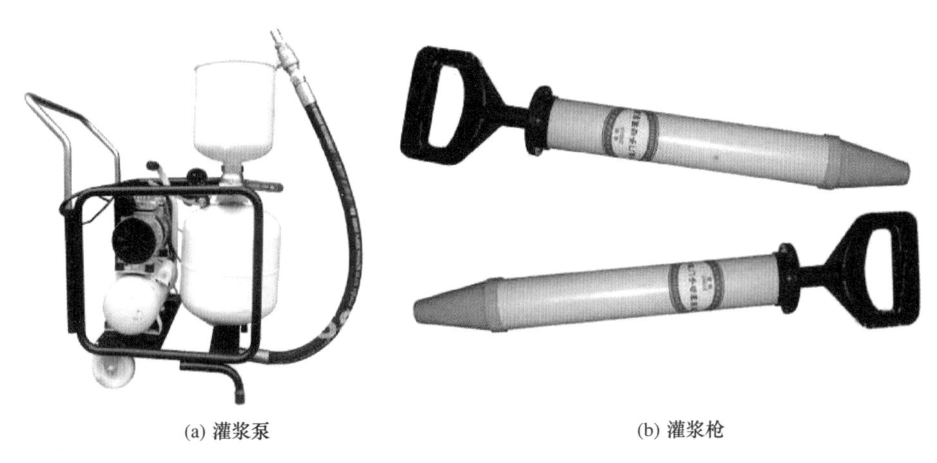

(a) 灌浆泵　　　　(b) 灌浆枪

图3.4.2　灌浆泵和灌浆枪

3.4.2　模板和支撑

模板和支撑
（教学视频）

由于装配式建筑大量的构件进行了工厂化生产，因而大大降低了现场支模的需要。现场支模浇筑以节点为主，与传统浇筑相比，对模板的要求也大为改变，突出了模板的拼装便捷性、表面平整度、刚度等要求。因此，装配式混凝土建筑施工中虽可以采用传统的木模板，但更适宜采用工具式模板和支撑，以实现标准化、模数化和体系化，提高工程施工效率。

1. 模板

目前，装配式混凝土建筑施工中常用的工具式模板有铝合金模板和大钢模板等。

（1）铝合金模板。铝合金模板系统采用高强度铝合金制作而成，强度高、承载好，如图3.4.3所示。与传统模板相比，铝合金模板安装简单，现场无须借助机械，而且由其形成的建筑水平和垂直结构精确度高，混凝土表面平整度好，可达到饰面及清水效果。

（2）大钢模板。大钢模板是以钢为主要材料的大型模板，如图3.4.4所示。其单块模板面积较大，通常以一面现浇混凝土墙体为一块模板。采用工业化建筑施工的原理，以建筑物的开间、进深、层高尺寸为基础，进行定型化设计和制作，可以做到整支整拆、多次周转，实行工业化施工。

2. 支撑

根据装配式混凝土建筑预制构件的安装特点，支撑体系可以分为竖向构件支撑体系和水平构件支撑体系两大类。

图3.4.3 铝合金模板

图3.4.4 大钢模板

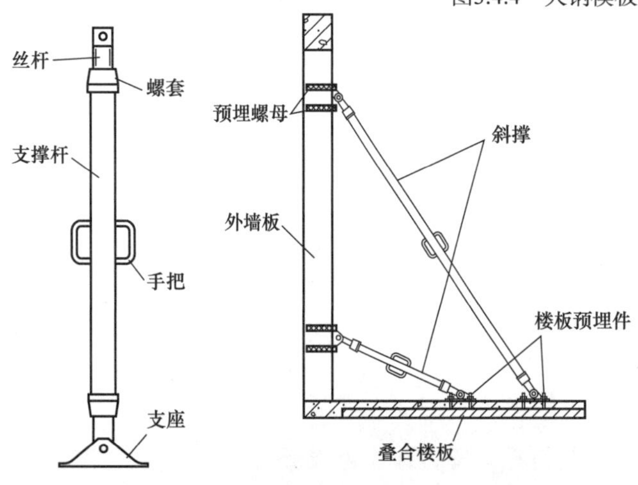

图3.4.5 竖向构件支撑及支撑方式示意图

（1）竖向构件支撑体系。竖向构件支撑体系包括丝杆、螺套、支撑杆、手把和支座等部件，如图3.4.5所示。支撑杆两端焊有与内螺纹旋向相反的螺套，中间焊有手把，螺套旋合在丝杆无通孔的一端，丝杆端部设有防脱挡板；丝杆与支座耳板以高强螺栓连接；支座底部开有螺栓孔，在预制构件安装时用螺栓将其固定在预制构件的预埋螺母上。通过旋转手把带动支撑杆转动，上丝杆与下丝杆随着支撑杆的转动同时拉近或伸长，达到调节支撑长度的目的，进而调整预制竖向构件的垂直度和位移，以满足预制构件安装施工的需要。

（2）水平构件支撑体系。水平构件支撑体系主要包括早拆柱头、插管、插销、调节螺母、摇杆、套管、底板等部件，如图3.4.6所示。套管底部焊接底板，底板上留有定位的4个螺钉孔；套管上部焊接外螺纹，在外螺纹表面套上带有内螺纹的调节螺母；插管上套插销后插入套管内，插管上配有插销孔，插管上部焊有中心开孔的顶板；早拆柱头由上部焊有U形板的丝杆、早拆托座、早拆螺母等部件组成；早拆柱头的丝杆坐于插管顶板中心孔中，通过选择合适的销孔插入插销，再用调节螺母来微调高度就可实现所需的支撑高度。

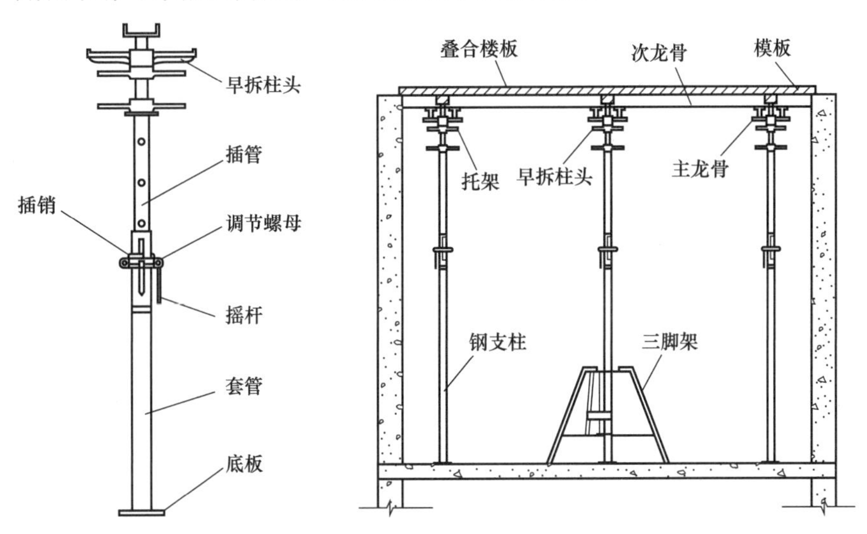

图3.4.6　水平构件支撑及支撑方式示意图

3.5　构件与材料的准备

想一想

预制构件是装配式建筑的“积木块”，其质量控制的重要性可想而知，通常在工厂化生产阶段即进行严格的质量控制和检查验收。如果业主对生产环节进行了严格的监控，并做好出厂检验，是否可以在不进行进场检验的情况下直接将构件运入现场进行吊装？

构件与材料的准备，首先根据施工预算、分部（项）工程施工方法和施工进度的安排，拟定材料、构（配）件及制品等的需要量计划。根据需要量计划，组织货源，确定加工、供应地点和供应方式，签订供应合同。根据各种需要量计划和合同，拟定运输计划和运输方案；按照施工总平面图的要求，组织构件和材料按计划时间进场，在指定地点，按规定方式进行储存或堆放。

3.5.1 构件的运输、进场检验和存放

构件的运输、进场检验和存放（教学视频）

1．运输

（1）构件运输的注意事项。运输前，应对装车方案和运输线路进行设计，运输线路上应无影响通行的限高、限重或急转等情况，如有车辆禁行的情况则应协调进行夜间运输，并做好夜间行车安全。应根据吊装顺序进行装车，避免现场转运和查找。装车时避免超高超宽，做好配载平衡。采取防止构件移动或倾倒的固定措施，构件与车体或架子用封车带绑在一起；在构件有可能移动的空间，用聚苯乙烯板或其他柔性材料隔垫，保证在车辆急转弯、急刹车、上坡、颠簸时，构件不移动、不倾倒、不磕碰。支承垫木的位置与堆放时保持一致，重叠堆放构件时，每层构件间的垫木或垫块应在同一垂直线上，预应力构件的堆放则应根据反拱挠度影响采取措施。为防止构件在运输过程中出现滑动，宜在垫木上放置橡胶垫，如图3.5.1所示。有运输架时，应保证架子的强度、刚度和稳定性，并保证与车体固定牢固。构件与构件之间要留出间隙，构件与车体或架子之间要有隔垫，以防止出现摩擦和磕碰。构件要有保护措施，特别是棱角部分和薄弱部位，如铝合金门窗等，如图3.5.2所示。装饰一体化和保温一体化的构件还应有防止污染的措施。

图3.5.1 垫木上放置橡胶垫以防构件滑动

图3.5.2　铝合金门窗的成品保护

（2）不同构件的运输方式。预制外墙板宜采用竖直立放方式运输，预制梁、叠合楼板、阳台板、楼梯等宜采用水平放置方式运输，并正确选择支垫位置。叠合楼板可采用叠放方式，层与层之间应垫平、垫实，各层支垫应上下对齐，最下面一层支垫应通长设置，叠放层数不应大于6层。如图3.5.3所示。

图3.5.3　不同构件的运输方式

外形复杂的墙板宜采用插放架或靠放架直立运输和堆放，插放架和靠放架应安全可靠。采用靠放架直立堆放的墙板宜对称靠放，饰面朝外，与竖向的倾斜角不宜大于10°。连接止水条、高低口、墙体转角等薄弱部位，应采用定型保护垫块或专用式附套件做加强保护。

2. 进场检验

虽然预制构件在制作的过程中有监理人员驻厂检查，每个构件出厂前也会进行出厂检验，但是构件进入现场时仍必须进行质量检查验收。预制构件到达现场，现场监理员及施工单位质检员应对进入施工现场的构件以及构件配件进行检查验收，包括数量、规格、型号、检查质量证明文件或质量验收记录、外观质量检验等。若预制构件直接从车上吊装，则数量、规格、型号的核实和质量检验在车上进行，检验合格后可以直接吊装。若不直接吊装，而是将构件转入临时堆场，也应当在车上检验，一旦发现不合格，可直接运回工厂处理。

进场检验时应首先对构件的规格、型号和数量进行核实，将清单核实结果和发货单进行对照。如有误，要及时与工厂联系。如随车有构件的安装附件，也必须对照发货清单一并验收。

对预制构件进行质量检验，分为主控项目和一般项目两类。

（1）主控项目。

① 预制构件结构性能通过检查结构性能检验报告或其他代表结构性能的质量证明文件进行按批检查，检验结果应符合设计要求和现行国家标准《混凝土结构工程施工质量验收规范》（GB 50204—2015）的有关规定。

② 外观质量不应有严重缺陷，且不应有影响结构性能和安装、使用功能的尺寸偏差，应使用观察、尺量或检查处理记录等方法进行全数检查。

③ 预制构件表面预贴饰面砖、石材等饰面与混凝土的黏结性能通过检查拉拔强度检验报告进行逐批检查，检查结果应符合设计要求和现行有关标准的规定。

（2）一般项目。

① 外观质量一般缺陷不应出现，通过观察或检查技术处理方案和处理记录进行全数检查，若存在一般缺陷应要求构件生产单位按技术处理方案进行处理，并重新检查验收。

② 构件粗糙面的外观质量、键槽的外观质量和数量通过观察和量测进行全数检查，并应符合设计要求。

③ 表面预贴饰面砖、石材等饰面及装饰混凝土饰面的外观质量通过观察、轻击检查或样板比对按批检查，应符合设计要求和现行有关标准规定。

④ 预埋件、预留插筋、预留孔洞、预埋管线等规格、型号、数量通过观察、尺量或检查产品合格证，按批检查并应符合设计要求。

⑤ 预制板类、墙板类、梁柱类构件外观尺寸偏差按照进场检验批，同一规格（品种）的构件每次抽检数量不应少于该规格（品种）数量的5%，且不少于3件，应符合《装配式混凝土建筑技术标准》（GB/T 51231—2016）的规定。

⑥ 装饰构件的外观尺寸偏差按照进场检验批，同一规格（品种）的构件每次抽检数量不应少于该规格（品种）数量的10%，且不少于5件，检验结果应符合设计要求，当设计无具体要求时，应符合《装配式混凝土建筑技术标准》（GB/T 51231—2016）的规定。

预制构件经检查合格后，应设置可靠标识，如图3.5.4和图3.5.5所示。质量不符合要求的，应及时处理。

图3.5.4　构件检查验收

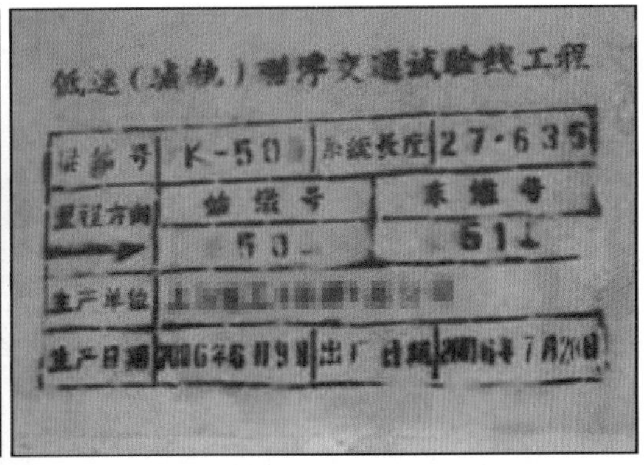

图3.5.5　预制构件经检验后设置可靠标识

3．存放

现场存放构件的场地通常较小，构件存放期间易被磕碰或污染，因此，应合理安排构件进场节奏，尽可能减少现场存放量和存放时间。构件堆放场的布置要求见3.1.3节相关内容。

构件的堆放必须根据设计图样要求的构件支承位置与方式进行支承，如果设计图样没有给出要求，应当由设计单位补联系单，原则上垫块位置应与脱模、吊装时的吊点位置一致。存放构件的垫块要坚固，其材质通常为木方、木板或混凝土垫块。可以多层码垛堆放，由设计人员根据构件的承载力计算确定层数，一般不超过6层，每层构件间的垫块上下必须对齐，并应采取防止堆垛倾覆的措施。当采取多点支垫时，一定要避免边缘支垫低于中间支垫而形成过长的悬臂，导致较大负弯矩而产生裂缝。

应按照产品品种、规格、型号、检验状态分类存放，产品标识应明确、耐久，预埋吊件应朝上，标识应向外。预制内外墙板、挂板宜采用专用支架直立存放，支架应有足够的强度和刚度，构件上部宜采用两点支承，下部应支垫稳固。薄弱构件、构件的薄弱部位和门窗洞口应采取防止变形开裂的临时加固措施；预制楼板、叠合板、阳台板和空调板等构件宜平放，叠放层数不宜超过6层，如图3.5.6所示；预制柱、梁等细长构件宜平放且用两条垫木支承。预应力构件长期存放时，应采取措施控制起拱值和叠合板翘曲变形；与清水混凝土面接触的垫块应采取防污染措施；预制构件成品外露保温板应采取防止开裂措施，外露钢筋应采取防弯折措施，外露预埋件和连接件等外露金属件应按不同环境类别进行防护或防腐、防锈；预埋螺栓孔宜采用海绵棒进行填塞，保证吊装前预埋螺栓孔的清洁；钢筋连接套筒、预埋孔洞应采取防止堵塞的临时封堵措施；冲洗完露骨料粗糙面后应对灌浆套筒的灌浆孔和出浆孔进行透光检查，并清理灌浆套筒内的杂物；冬期生产和存放的预制构件的非贯穿孔洞应采取措施，以防雨雪进入造成预制构件的冻胀损坏。

墙板

叠合板

图3.5.6　不同类型预制构件的堆放

楼梯板

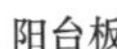

阳台板

挑檐板

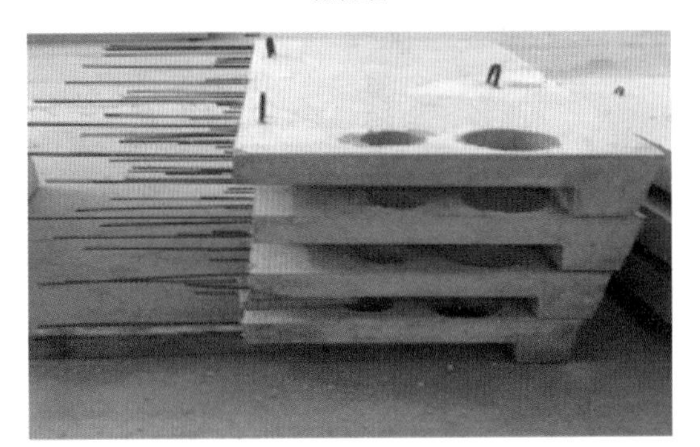

空调板

图3.5.6（续）

3.5.2　材料的准备

装配式混凝土建筑施工中所涉及的材料除混凝土、钢筋、钢材等常规材料之外，还需要各类连接材料、密封材料等。这些材料需根据施工进度计划和安装图样编制材料采购、进场计划等，进场时依据设计图样和有关规范进行检验，包括数量、规格、型号、合格证、化验单等，并依据不同材料的性能特点和要求进行保管。一般应单独保管，对于影响结构和功能的各类连接材料、密封材料（如灌浆料、密封胶）等，应在室内库房存放，避免受潮、受阳光直射。

开工前材料的准备（教学视频）

对混凝土、钢筋、钢材等常规材料的要求与传统建筑中的要求基本一致，其各项性能应分别符合现行国家标准《混凝土结构设计规范（2015年版）》（GB 50010—2010）和《钢结构设计标准（附条文说明）》（GB 50017—2017）的相应规定，此处不再展开。

1．连接材料

预制构件的连接技术是装配式混凝土结构关键的、核心的技术。其中，钢筋套筒灌浆连接接头技术是推荐的主要接头技术，也是形成各种装配整体式混凝土结构的重要基础，如图3.5.7和图3.5.8所示。

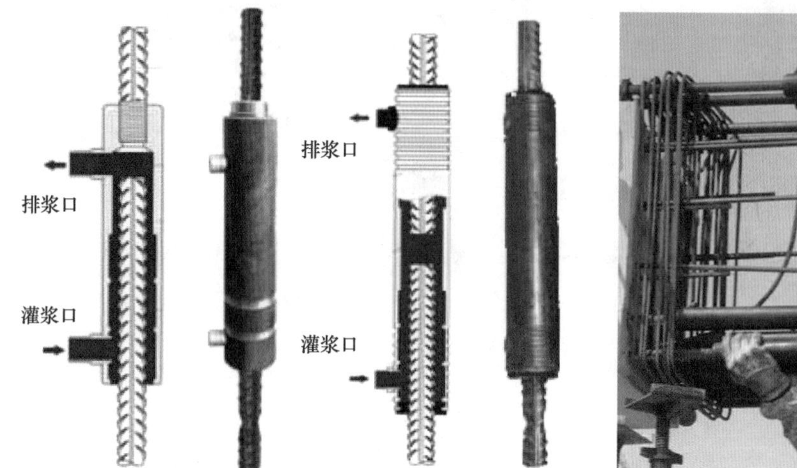

图3.5.7 钢筋套筒

图3.5.8 灌浆浆料

《装配式混凝土结构技术规程》（JGJ 1—2014）对连接材料的规定如下：

（1）钢筋套筒灌浆连接接头采用的套筒应符合现行行业标准《钢筋连接用灌浆套筒》（JG/T 398—2019）的规定。

（2）钢筋套筒灌浆连接接头采用的灌浆料应符合现行行业标准《钢筋连接用套筒灌浆料》（JG/T 408—2019）的规定。

（3）钢筋浆锚搭接连接接头应采用水泥基灌浆料，灌浆料的性能应满足表3.5.1的要求。

表3.5.1 钢筋浆锚搭接连接接头用灌浆材料的性能要求

<table>
<tr><th colspan="2">项目</th><th>性能指标</th><th>试验方法标准</th></tr>
<tr><td colspan="2">泌水率/%</td><td>0</td><td>《普通混凝土拌合物性能试验方法标准》(GB/T 50080—2016)</td></tr>
<tr><td rowspan="2">流动度/mm</td><td>初始值</td><td>≥200</td><td rowspan="7">《水泥基灌浆材料应用技术规范》(GB/T 50448—2015)</td></tr>
<tr><td>30min保留值</td><td>≥150</td></tr>
<tr><td rowspan="2">竖向膨胀率/%</td><td>3h</td><td>≥0.02</td></tr>
<tr><td>2h与3h的膨胀率之差</td><td>0.02 ~ 0.5</td></tr>
<tr><td rowspan="3">抗压强度/MPa</td><td>1d</td><td>≥35</td></tr>
<tr><td>3d</td><td>≥55</td></tr>
<tr><td>28d</td><td>≥80</td></tr>
<tr><td colspan="2">氯离子含量/%</td><td>≤0.06</td><td>《混凝土外加剂匀质性试验方法》(GB/T 8077—2012)</td></tr>
</table>

(4)钢筋锚固板的材料应符合现行行业标准《钢筋锚固板应用技术规程》(JGJ 256—2011)的规定。

(5)受力预埋件的锚板及锚筋材料应符合现行国家标准《混凝土结构设计规范(2015年版)》(GB 50010—2010)的有关规定。专用预埋件及连接件材料应符合国家现行有关标准的规定。

(6)连接用焊接材料，螺栓、锚栓和铆钉等紧固件的材料应符合《钢结构设计标准(附条文说明)》(GB 50017—2017)、《钢结构焊接规范》(GB 50661—2011)和《钢筋焊接及验收规程》(JGJ 18—2012)等的规定。

(7)夹芯外墙板中内外叶墙板的拉结件应符合下列规定：

① 金属及非金属材料拉结件均应具有规定的承载力、变形和耐久性能，并应经过试验验证。

② 拉结件应满足夹芯外墙板的节能设计要求。

2. 防水密封材料

由于装配式建筑将住宅建筑分成多个单元或构件，其中的主要构成部分(墙体、梁、柱、楼板以及楼梯等)均在工厂生产，然后运至施工现场，将预制混凝土构件在现场进行装配化施工建造，因此预制构件之间必然存在接缝，接缝的防水问题就成为装配式建筑质量控制的关键因素之一。装配式混凝土建筑的防水主要包括外墙防水与屋面防水两大部分。屋面防水与传统建筑的屋面防水设计相似，主要的不同点是外墙防水设计，以下介绍外墙防水密封材料。

预制外墙缝的防水一般采用构件防水和材料防水相结合的双重防水措施，防水密封胶是外墙板缝防水的第一道防线，其性能直接关系到工程防水效果。

(1)防水密封材料的分类。防水密封材料根据不同的分类方式可以分为不同的种类。

① 根据产品成形方式的不同，密封胶可分为单组分胶和双组分胶两种。单组分胶是通过与空气中的水分发生反应进行固化的，固化过程由表面逐渐向深层进行，深层固化速度相对较慢，因此在施工过程中预制外墙板的位移较大，不宜选用单组分密封胶。

双组分胶有A、B两个组分，使用时需要将两个组分混合，在一定时间内将胶注入接缝部位。双组分胶需要使用混合机械设备，但其在固化过程中不需要与空气中的水分发生反应，深层固化速度快。

② 根据建筑密封胶基础聚合物化学成分的不同，密封胶可以分为聚硫胶、硅酮胶、聚氨酯胶、改性硅酮胶等。

a．聚硫胶。聚硫胶是由二卤代烷与碱金属或碱土金属的多硫化物聚缩而得的合成橡胶，具有优异的耐油和耐溶剂性，但强度不高，耐老化性能不佳，目前，在中空玻璃合成过程中使用较多，在建筑用胶中有逐渐退出市场的趋势。

b．硅酮胶。硅酮胶是以聚二甲基硅氧烷为主要原料，以端羟基硅氧烷聚合物和多官能硅氧烷交联剂为基础，添加填料、增塑剂、偶联剂、催化剂混合而成的膏状物，在室温下通过与空气中的水发生反应固化形成有弹性和黏结力的硅酮胶。虽然其在当前的建筑市场占有较大的市场份额，但也有一些缺陷，如增塑剂存在污染性、耐水性能相对较弱等。

c．聚氨酯胶。聚氨酯胶以聚氨酯橡胶及聚氨酯预聚体为主要成分，该类密封胶具有较高的拉伸强度，优良的弹性、耐磨性、耐油性和耐寒性；耐候性好，使用寿命可达10年。但是耐碱水性欠佳，不能长期耐热，浅色颜料容易受紫外线老化。单组分胶储存稳定性受外界影响较大，高温热环境下可能产生气泡和裂纹，许多场合需要底涂。

d．改性硅酮胶。改性硅酮胶也称硅烷改性聚醚密封胶或硅烷改性聚氨酯胶，它是一种以端硅烷基聚醚（以聚醚为主链，两端用硅氧烷封端）为基础聚合物制备生产出来的密封胶。该类产品具有与混凝土板、石材等黏结效果良好、低污染性、使用寿命长（可达10年）等特点。

硅烷改性聚氨酯胶，其以氨基硅烷偶联剂为基础，对以异氰酸酯基为端基的聚氨酯预聚体进行再封端，合成了一系列不同硅烷封端率的单组分湿固化聚氨酯，能实现聚氨酯和硅酮材料优点的良好结合。

关于密封胶的几种主流产品性能对比如表3.5.2所示。

表3.5.2 密封胶的几种主流产品性能对比

名称	简称	黏结性	弹性	耐候性	涂饰性
硅酮胶	SR	好	好	很好	差
聚氨酯胶	PS	好	好	普通	好
改性硅酮胶	MS	很好	好	好	好
硅烷改性聚氨酯胶	SPU	很好	好	很好	好

（2）密封材料性能构造要求。装配式建筑外墙密封胶应具有的性能构造要求如下：

① 力学性能。由于混凝土板的接缝会随温湿度变化、混凝土板收缩、建筑物的轻微震动或沉降等产生伸缩变形及位移运动，因此所用的密封胶必须具备一定的弹性，且能随着接缝的张合变形而自由伸缩以保持接缝密封；同时，为防止密封胶开裂以保证接缝具有安全可靠的黏结密封性，密封胶的位移能力必须大于板缝的相对位移，经反复循环变形后还能保持并恢复原有性能和状态。

② 黏结性。装配式混凝土建筑所用的外墙板大多数为混凝土板，因此需要接缝用密封材料对混凝土基材有很好的黏结性能。

③ 耐久性。耐久性主要是指密封胶耐老化性能，包括温湿度变化、紫外线照射和外界作用力等因素对密封胶寿命周期的影响。目前，关于预制装配式建筑混凝土板接缝用密封胶耐久性的评价指标和测试方法相对较少，对此类密封胶的耐久性能主要通过紫外老化试验和热老化试验进行评估。

④ 低污染性。硅酮类密封胶中所含有的硅油易游离到因静电而黏附在胶体表面的灰尘上，并且灰尘会随着降雨、刮风等扩散到黏结表面的四周。由于混凝土是多孔材料，极易受污染，污染后会导致混凝土板缝的周边出现黑色带状，并且污染物颜色会随着年限的增加更加明显。密封胶的污染性将严重影响到后期建筑外表面的美观。因此，用于预制装配式建筑混凝土板的接缝用密封胶必须具有低污染性。

⑤ 阻燃性。为防止和减少建筑火灾危害，对建筑材料的防火阻燃性能要求不断提高。接缝密封胶作为主要的密封材料也应具备一定的阻燃性能，使其在燃烧时少烟无毒、燃烧热值低，减慢火焰传播速度。

⑥ 低温适应性。在低温地区，密封材料还应该具备温度适应性及低温柔性。

3.6 其他准备工作

与现浇混凝土建筑相比，装配式混凝土建筑施工现场工种大幅度减少，如模板工、钢筋工、混凝土工等，个别工种作业内容也有所变化，如测量工、起重机驾驶员等，请思考装配式混凝土建筑工程还需要增加哪些新工种。

开工前其他准备工作（教学视频）

3.6.1 技术资料准备

组织现场施工人员熟悉、审查施工图纸和有关的设计资料，对构件型号、尺寸、埋件位置逐项检查核对，确保无遗漏、无错误，避免构件生产无法满足施工要求和建筑功能的要求。编制施工组织设计，其中构件模具生产顺序和构件加工顺序及构件装车顺序必须与现场吊装计划相对应，避免因为构件未加工或装车顺序错误影响现场施工进度。

在施工开始前由项目工程师召集各相关岗位人员汇总、讨论图纸问题。设计交底时，切实解决疑难问题和现场碰到的图纸与施工矛盾，切实加强与建设单位、设计单位、预制构件加工制作单位、施工单位以及相关单位的联系，及时加强沟通与信息交流，要向施工人员做好技术交底，按照三级技术交底程序要求，逐级进行技术交底，特别是对不同技术工种的针对性交底，每次交底后要切实加强落实。熟悉吊装顺序和各种指挥信号，准备好各种施工记录表格。

3.6.2 人员准备

在工程开工前，做好人员组织工作，建立拟建工程项目的领导机构以及有经验的施工队组，集结施工力量、组织劳动力进场，同时建立健全各项管理制度。在施工前，应对管理人员和吊装工人、灌浆作业等特殊工序的操作人员进行有针对性的技术交底和专项培训，明确工艺操作要点、工序以及施工操作过程中的安全要素。对于缺少装配式混凝土结构施工经验的施工单位而言，应在样板间安装或其他构件试安装过程中，使管理人员和操作人员进一步熟悉管理规范，学习操作技能，掌握施工技术要点。

结构吊装阶段的人员组织可参考表3.6.1实施，吊装环带用工示意如图3.6.1所示。

表3.6.1　结构吊装阶段的人员组织参考

工种	人数/人	备注
吊装工	12	信号工（上、下）2人，拿撬棍3人，拿靠尺1人，操作台临时固定4人，查找板号2人
电焊工	6	焊预埋件、钢筋等5人，照看焊把线及看火1人
混凝土工	8	浇灌板缝混凝土、墙板下铺灰、剔找预埋件、修补裂板共8人
抹灰工	8	墙板、楼板找平，修补堆放区外墙板防水槽、台，插保温条、防水条，抹光拆模后的板缝混凝土，墙板楼板塞缝
木工	4	支拆板缝模板、弹线
钢筋工	2	梳整板缝的锚环、钢筋，绑扎水平缝、阳台处钢筋

灌浆作业施工由若干班组组成，每组应不少于两人，一人负责注浆作业，一人负责调浆及灌浆溢流孔封堵工作。

图3.6.1　预制墙板吊装用工示意图（信号工1人，吊装工4人）

3.6.3　工艺准备

安装施工前，应核对已施工完成结构的混凝土强度、外观质量、尺寸偏差等是否符合《混凝土结构工程施工规范》（GB 50666—2011）和《装配式混凝土结构技术规程》（JGJ 1—2014）的有关规定。钢筋套筒灌浆前，应在现场模拟构件连接接头的灌浆方式，每种规格的钢筋应制作不少于3个套筒灌浆连接接头，进行灌注质量以及接头抗拉强度的检验，如图3.6.2所示；经检验合格后，方可进行灌浆作业。

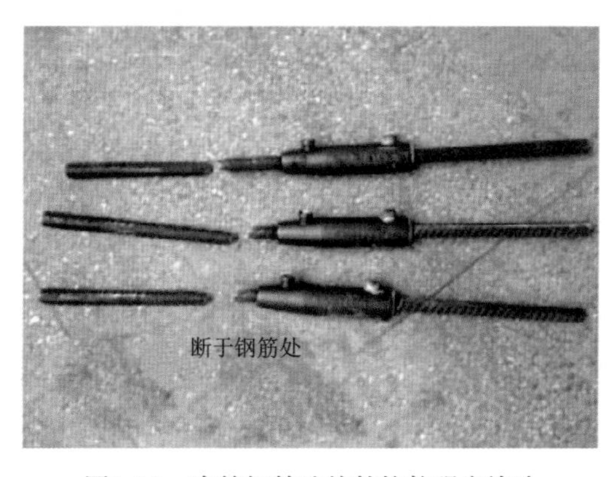

图3.6.2　套筒钢筋连接件抗拉强度检验

安装施工前，应在预制构件和已施工完成的结构上测量放线，设置构件安装定位标识。应复核构件装配位置、节点连接构造及临时支撑方案等。应检查吊装设备及吊具是否处于安全操作状态。应核实现场环境、天气、道路状况等是否满足吊装施工要求。结构吊装前，宜选择有代表性的单元进行预制构件试安装，并应根据试安装结果及时调整完善施工方案和施工工艺。

3.6.4 季节性施工和安全措施准备

装配式混凝土结构安装工程通常是露天作业，冬季和雨季对施工生产的影响较大。为保证按期、保质地完成施工任务，必须做好冬季、雨季施工准备工作。冬季施工准备工作包括合理安排冬季施工项目；落实热源供应和保温材料的储存；做好测温、保温和防冻工作；加强安全教育，严防火灾发生。雨季施工准备工作包括防洪排涝，做好现场排水工作；做好雨季施工安排，尽量避免雨季窝工造成的损失；做好道路维护，保证运输通畅；做好预制构件、材料等物资的储存；做好机具设备等的防护；加强施工管理，做好雨季施工安全教育。

学习参考

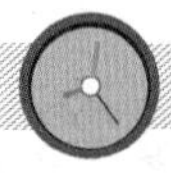

登录www.abook.cn网站，搜索本书，下载相关学习参考资料。

小 结

施工准备主要围绕施工组织要素中人员、材料、机械等开展。与现浇混凝土结构施工相比，装配式混凝土结构施工由于施工工艺有根本性的不同，需重点突出人员、预制构件和材料、设备和工具等的准备工作。

吊装作业是整个施工的关键环节，要做好施工平面布置工作，重点是处理好吊装机械的布置，理顺预制构件安装与预制构件运输、堆放的关系，同时也要规划好场内运输道路和运行线路，从而将生产要素有序地组织起来。人员准备主要侧重于操作人员，特别是对吊装工、灌浆工等与装配式结构施工质量和安全息息相关的人员的培训，使该部分人员形成质量意识和安全意识。预制构件准备的重点是其运输、进场和存放等的准备工作，主要包括预制构件的装车运输方式、进场检验项目、存放方式和要求等内容。材料准备的重点是装配式混凝土结构施工所特有的连接材料、密封材料，包括钢筋套筒、灌浆料、坐浆料等连接材料和密封胶等密封材料的准备。工具准备主要指构件吊装所用的各类索具、吊具、机具，以及灌浆工具、模板、临时支撑等专用工具的准备。

实践 施工平面图设计绘制

【实践目标】

1. 了解装配式混凝土建筑吊装机具特点。
2. 掌握装配式混凝土建筑施工场地布置。

【实践要求】

1. 复习本模块内容。
2. 遵守教师教学安排。
3. 完成布置任务。

【实践资源】

1. 广联达或其他施工场地布置软件。
2. 实训资料：

（1）工程概况。某大厦由某建设单位投资兴建，设计单位为某建筑设计院，勘察单位为某工程地质勘察院，监理单位为某工程建设监理公司，施工单位为某建筑工程公司。该项目总建筑面积约为36700m^2；设计使用年限为50年；主体采用装配整体式剪力墙结构，地上共15层，其中地下及1～3层为现浇，4～15层为装配式；预制构件包括预制外墙板、叠合板、楼梯、空调板等，并通过现浇内墙、现浇外墙体的暗梁和暗柱、楼板以及加大的现浇节点（边缘构件）连接成整体，使整体结构形成统一的受力体系。外墙保温采用外保温形式，饰面采用干挂石材、外墙涂料。

本工程施工采用构件安装与现浇作业同步进行的方式，即预制墙板与现浇墙体同步施工，带飘窗预制外墙板、预制墙板安装后采用套筒灌浆连接方式，以保证钢筋以及墙板的受力性能，预制混凝土保温系统将根据外墙进行配合确定。安装后通过外墙现浇节点、内墙与楼板同时浇筑，充分形成整体构件。预制楼梯采用错层安装的方式完成结构施工。本工程加强对预制构件存放、吊装、安装、连接、现浇节点处理以及成品保护等各环节质量的严格控制。通过预制构件专用吊装、就位、安装等工器具的使用，使得结构施工便捷、质量可靠，提高劳动生产率，达到绿色施工要求。

(2)主体结构阶段施工现场平面布置。

① 塔式起重机布置和选型。本工程配置2台塔式起重机，塔式起重机型号按照PC构件单件最大重量和卸货点、堆场位置、楼层作业面距离塔式起重机的距离进行选择，根据PC构件详图，按照单件最大重量6t考虑，初步选定配置2台STT200塔式起重机，后根据PC构件终版图进行复核。

针对本工程，影响塔式起重机选型的主要因素是预制构件的重量、预制构件的吊装位置以及周围环境(包括场地周边高压线等)等。根据PC构件详图，按照单件最大重量6t考虑，经综合考虑，本工程装配成部分组织选用STT200型号塔式起重机，共计2台。建筑东北角布置STT200，臂长45m；西南角布置STT200，臂长40m。

为了保证塔式起重机吊次能够满足现场要求，在布置时须综合考虑塔式起重机臂长以及构件重量，并对塔式起重机的吊装范围进行规定。塔式起重机基础采用预制桩桩基加钢筋混凝土承台，桩基采用钻孔灌注桩加型钢格构柱，承台尺寸为5000mm×5000mm×2000mm。

② 道路的布置。根据构件运输、存放和吊装作业的需要，设置环形临时道路，尽可能使用永久性道路。道路能连接各构件堆场、材料仓库以及构件起吊作业区域。为满足大型构件运输车辆对道路宽度、转弯半径和荷载的要求，设置道路的宽度为4m，转弯处宽度适当加大。现场道路路面采用大型混凝土预制板，后期可以回收利用。道路两侧应设置排水沟。

③ 构件堆场设置。预制构件进场严格按照现场平面布置堆放构件，按计划码放在临时堆场上。预制墙板采用堆放架进行存放，堆放架底部垫2根100mm×100mm通长木方，中间隔板垫木要均匀对称排放8块小方木，做到上下对齐，垫平垫实。预制构件进场后必须按照就近起吊的原则进行堆放，堆放时核对预制构件数量、型号。预制构件堆放时，确保较重构件放在靠近塔式起重机一侧。

④ 材料仓库。数量较多、重量较大的各类结构材料(如水泥、砂石、钢筋等)的堆场或仓库布置在塔式起重机服务范围内。其余材料，如连接材料、密封材料等仓库则不宜紧靠施工作业区，而是设置在场地的边缘。

⑤ 行政管理、生活、福利等临时设施的布置。工地出入口设置门卫和办公室。考虑到使用方便，不妨碍施工、安全防火等要求，宿舍、食堂、浴室、厕所等非生产性临时设施布置在远离施工作业区。

⑥ 水电管网的布置。施工供水、供电管网须经过计算、设计和配置。水源、电源选择从已建建筑区域接入，位置在门卫附近。

需要指出的是，建筑施工是一个复杂多变的生产过程，各种施工材料、构件、机械等随着工程的进展而逐渐进场，又随着工程的进展而不断消耗、变化，因此，在整个施工过程中，现场的实际布置情况是变化的。因此，对于大型工程、施工期限较长的工程或现场场地较为狭窄的工程，就需要按不同的施工阶段来分别布置几张施工平面图，以便能把不同阶段现场的合理布置情况全面反映出来。图S.1为某工程主体施工平面布置图。

【实践步骤】

1. 教师讲解本项目要点。
2. 学生绘制草图。
3. 学生上机操作。
4. 学生提交作业。
5. 教师总结。

【上交成果】 计算机绘图作业一份。

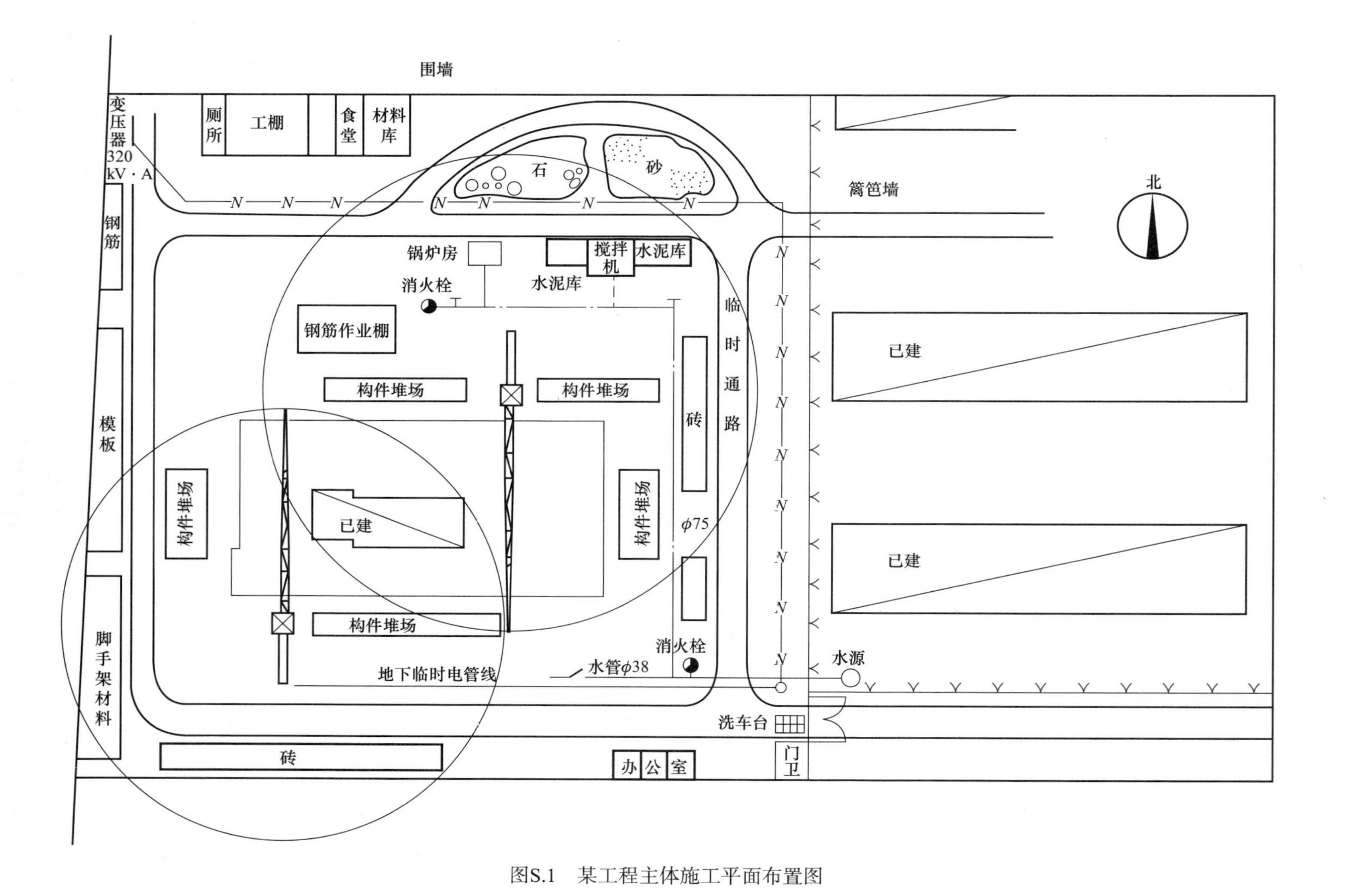

图S.1 某工程主体施工平面布置图

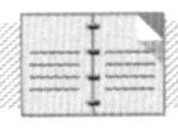

习 题

1．原则上塔式起重机应距离最重构件和吊装难度最大的构件最近，通常将塔式起重机布置在（　　）集中出现的部位较为适宜。

A．外墙大板　　B．梯段板　　C．内墙板　　D．叠合板

2．与现浇混凝土结构相比，装配式混凝土结构施工现场布置需考虑的重点是（　　）。

A．材料仓库　　B．模板堆场

C．预制构件的运输与存放　　D．办公、生活区的设置

3．施工现场道路宽度须保证大型构件运输车辆同时进出，道路宽度一般（　　）m。

A．不小于2　　B．不大于6　　C．不小于8　　D．不小于4

4．（　　）不是在布置预制构件堆放区时需要考虑的因素。

A．吊装机械的位置　　B．运输车辆行驶路线

C．吊装工艺　　D．临时用电线路

5．可在不平整、泥泞的场地或略加处理的松软场地行驶和工作，操作灵活，使用方便，本身能回转360°，适用于起吊大、中型构件的起重机是（　　）。

A．汽车式起重机　　B．履带式起重机

C．轮胎式起重机　　D．随车起重机

6．起重高度高，地面所占的空间较小，可自行升高，安装方便，需要增设附墙支撑，适宜用于高层建筑施工的起重机是（　　）。

A．爬升式塔式起重机　　B．轨道式塔式起重机

C．附着式塔式起重机　　D．大型龙门架

7．下列部件中不属于吊具的是（　　）。

A．钢丝绳　　B．吊环　　C．卸扣　　D．横吊梁

8．以下吊具可以使构件保持垂直，便于安装，又可以降低起吊高度，减少吊索的水平分力对构件的压力的是（　　）。

A．卡环　　B．吊索　　C．横吊梁　　D．吊环

9．钢筋套筒灌浆前，应在现场模拟构件连接接头的灌浆方式，每种规格钢筋应制作（　　）个套筒灌浆连接接头，进行灌注质量以及接头抗拉强度的检验。

A．不少于3　　B．5　　C．不少于2　　D．1

10．以下预制构件需采取靠放的堆放方式的是（　　）。

A．叠合板　　B．楼梯　　C．阳台　　D．外墙板

11．关于预制构件的堆放，以下说法错误的是（　　）。

A．垫木的位置宜与脱模时的起吊位置一致

B．垫木的位置宜与吊装时的起吊位置一致

C. 重叠堆放构件时，每层构件间的垫木应在同一垂直线上

D. 垫木的位置应放置在构件的适当位置，既不要太靠里也不要太靠外

12. 可在各类公路上通行无阻，转移方便，在工作状态下必须放下支腿，不能负荷行驶，适用于临时分散的工地以及物料装卸、零星吊装和需要快速进场的吊装作业的起重机是(　　)。

A. 履带式起重机　　B. 汽车式起重机

C. 轮胎式起重机　　D. 塔式起重机

模块4 装配整体式混凝土结构工程施工

教学PPT

价值目标

1. 树立安全责任意识。
2. 培养实事求是的工作态度。
3. 树立劳动光荣的观念。

知识目标

1. 了解装配整体式结构工程的施工工艺流程。
2. 掌握构件安装方法、钢筋套筒灌浆技术、混凝土浇筑施工工艺、管线预留预埋方法。
3. 熟悉结构安装质量控制注意事项。

能力目标

1. 能够在现场进行装配式建筑测量定位、构件安装、钢筋套筒灌浆连接、混凝土浇筑、管线预留预埋。
2. 学会控制并确保结构安装质量措施，满足设计及施工要求。

知识导引

在模块3中，我们学会了如何使用机械设备，如何组织安排各工种人力，如何协调各种配合关系。做好了施工准备工作，如何发挥装配式混凝土结构的优势，克服装配式结构的弱点，满足建筑安全、舒适等要求，将是装配整体式结构工程施工技术的研究重点及其突破关键。借鉴国内外的工程案例以及相关规程，学习装配整体式结构工程如何进行施工，将独立的构件进行安装并连接形成一个可靠的结构整体。

按照装配化的程度可将装配式建筑分为半装配式建筑和全装配式建筑两大类。按照预制构件承载特点分为装配整体式框架结构、装配整体式剪力墙结构和装配整体式框架剪力墙结构三大类。装配整体式混凝土结构体系的选择可根据具体工程的高度、平面、体型、抗震等级、设防烈度及功能特点来确定。随着各方面的研究及施工技术越来越成熟，装配式建筑的高度、装配率等在各个结构体系中将会不断有新的突破。

装配式混凝土建筑施工流程（教学视频）

4.1 施工流程

如图 4.1.1 所示，装配式混凝土结构由哪些构件组成？如何在有效的时间、有限的空间里将这些构件组成一个整体并满足建筑设计要求呢？

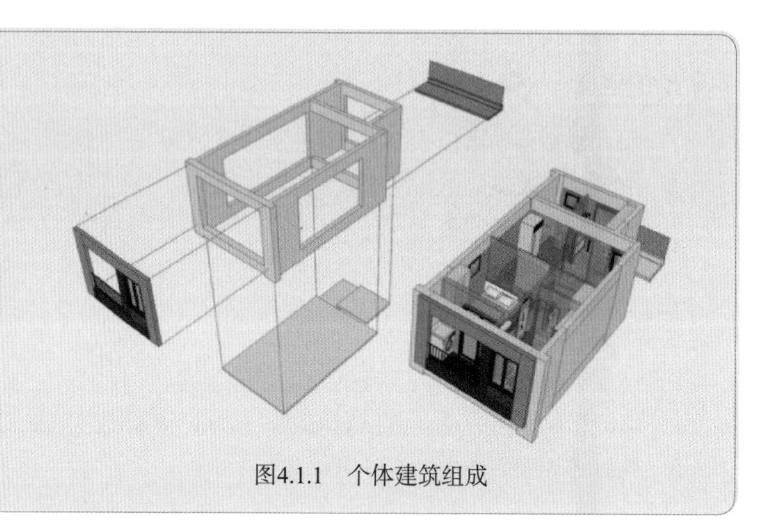

图4.1.1　个体建筑组成

装配整体式框架结构施工流程（教学视频）

4.1.1　装配整体式框架结构的施工流程

装配整体式框架结构（图4.1.2）是以预制柱（或现浇柱）、叠合梁、叠合板、楼梯、阳台为主要预制构件，并通过叠合板的现浇以及节点部位的后浇混凝土连接梁、板、柱以形成整体的混凝土结构。

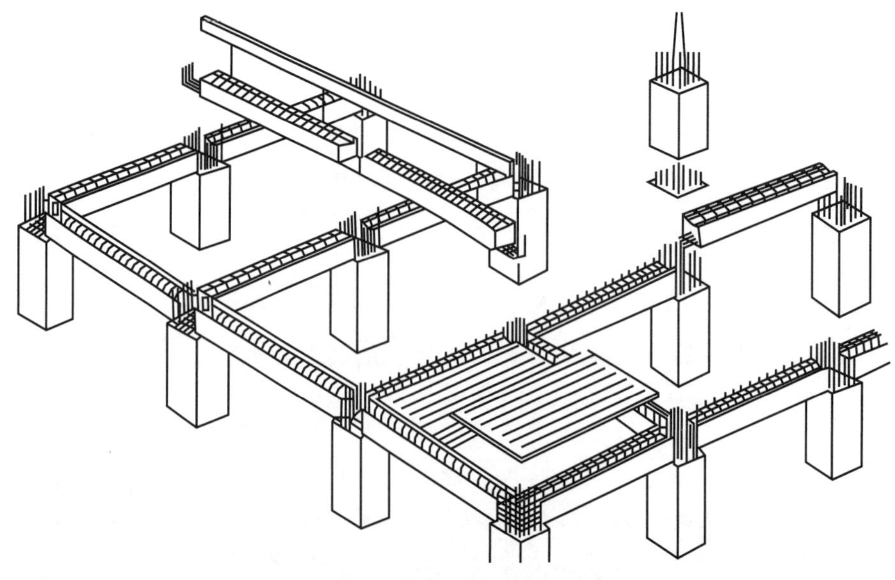

图4.1.2　装配整体式框架结构

装配整体式框架结构的施工流程如图4.1.3所示。若混凝土柱采用现浇的形式，其施工流程如图4.1.4所示。

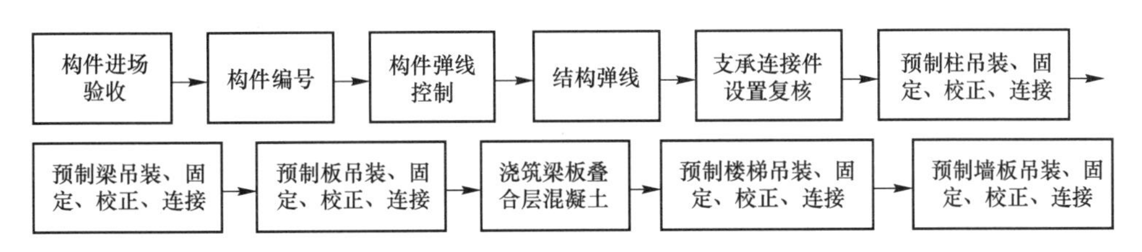

图4.1.3　装配整体式框架结构的施工流程

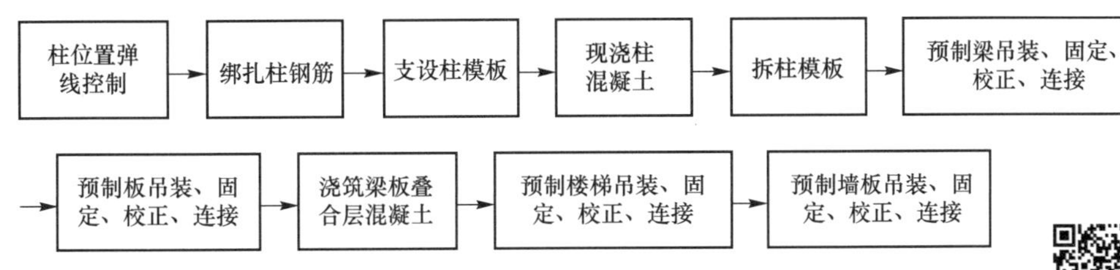

图4.1.4　采用现浇混凝土柱的装配整体式框架结构的施工流程

装配整体式剪力墙结构施工流程（教学视频）

4.1.2　装配整体式剪力墙结构的施工流程

装配整体式剪力墙结构由预制剪力墙（或现浇剪力墙）和叠合楼板、外墙板、楼梯、阳台等构件组成，构件采用工厂化生产，运至施工现场后，通过现浇混凝土剪力墙和叠合楼板将外墙板、楼梯、阳台等连接形成整体，其连接节点通过后浇混凝土结合，水平向钢筋通过机械连接或其他方式连接，竖向钢筋通过钢筋灌浆套筒连接或其他方式连接，如图4.1.5所示。

装配整体式剪力墙结构的施工流程如图4.1.6所示。若采用现浇剪力墙，其施工流程如图4.1.7所示。

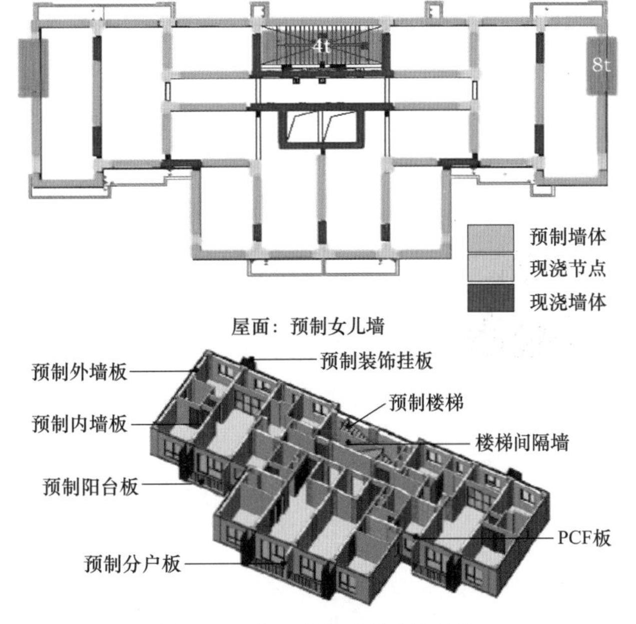

图4.1.5　装配整体式剪力墙结构

（PCF指预制装配式外墙板）

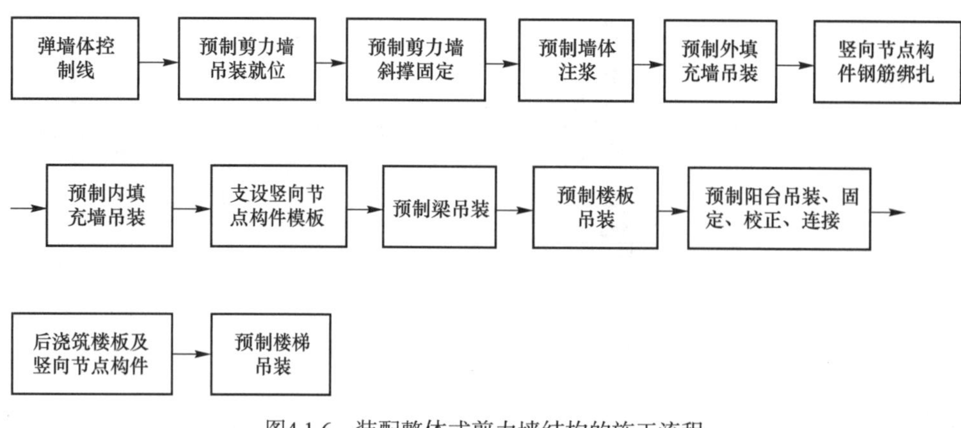

图4.1.6 装配整体式剪力墙结构的施工流程

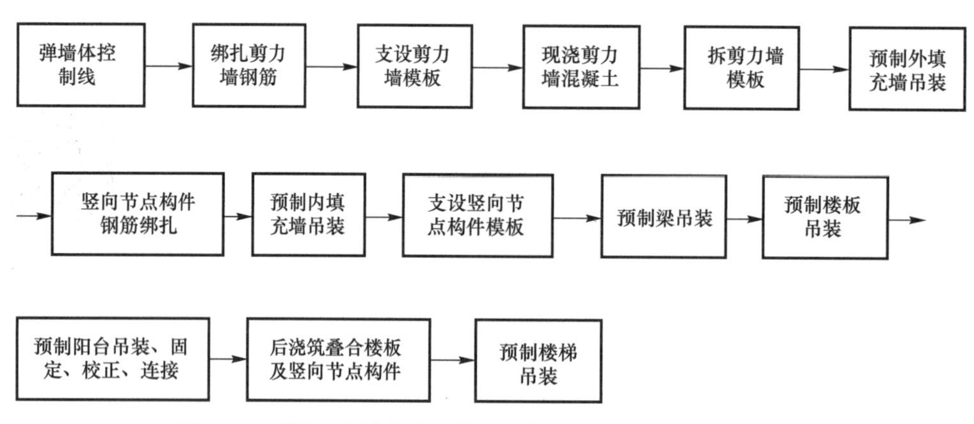

图4.1.7 采用现浇剪力墙的装配整体式剪力墙结构的施工流程

4.1.3 装配整体式框架剪力墙结构的施工流程

装配整体式框架剪力墙结构施工流程（教学视频）

装配整体式框架剪力墙结构是以预制柱（或现浇柱）、叠合梁、预制剪力墙（或现浇剪力墙）、叠合板、楼梯、阳台为主要预制构件，并通过叠合板的现浇以及节点部位的后浇混凝土连接梁、板、柱以形成整体，或者通过现浇剪力墙和叠合楼板连接预制构件形成整体的混凝土结构。

关于装配整体式框架现浇剪力墙结构的施工流程，可参照装配整体式框架结构和装配整体式现浇剪力墙结构施工流程。

4.2 构件放样定位

目前，我国有哪些代表性的装配整体式混凝土结构建筑？在装配过程中是如何保证预制构件更快、更精确地吊装到设计位置并进行安装，成为装配式建筑典范的？

外控线、楼层主控线、楼层轴线、构件边线等放样定位流程如图4.2.1所示。

构件放样定位
（教学视频）

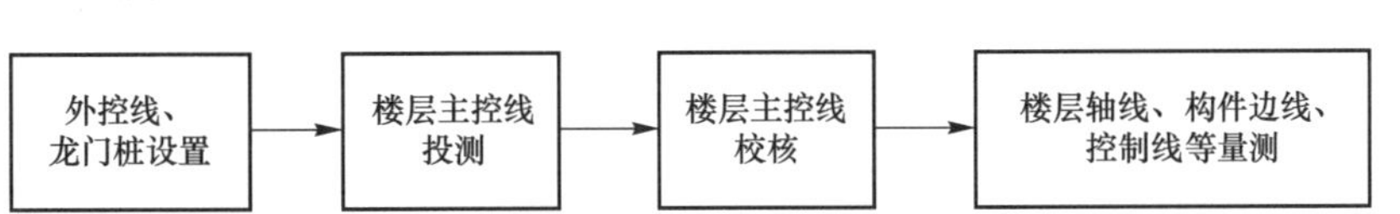

图4.2.1　轴线定位流程图

具体操作如下：

（1）根据建设方提供的规划红线图采用全球定位系统（global positioning system，GPS）定位仪将建筑物的4个角点投设到施工作业场地，打入定位桩，将控制桩延长至安全可靠位置，作为主轴线定位桩位置（注意将其保护好），如图4.2.2所示。

图4.2.2　定位桩位置

（2）采用“内控法”放线，待基础完成后，使用经纬仪通过轴线控制桩在±0.00处放出各个轴线控制标记（图4.2.3），连接标记弹设墨线（图4.2.4）以形成轴线，依次放出其他轴线。

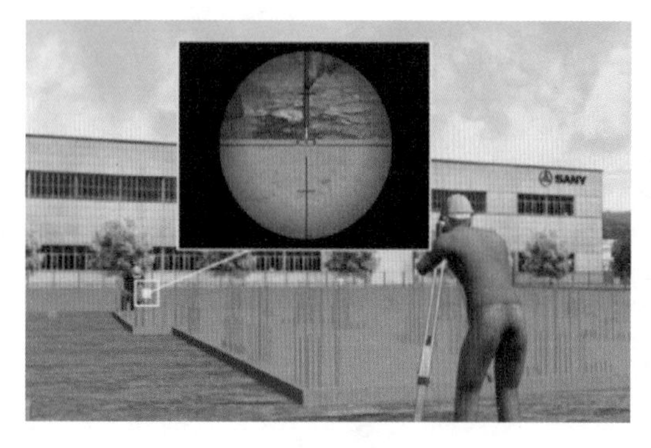

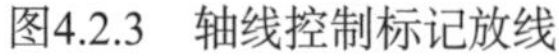
图4.2.3　轴线控制标记放线

图4.2.4　弹设墨线

（3）通过轴线弹出1m控制线，选择某个控制线相交点作为基准点（基准点埋设采用15cm×15cm×8cm钢板制作，用钢针刻画出“十”字线），以方便下一个楼层轴线定位桩引测，如图4.2.5所示。

（4）浇筑混凝土时，须预留控制线引测孔（图4.2.6）。底层放置垂准仪，调整激光束（图4.2.7）得到最小光斑。移动接收靶，使接收靶的“十”字焦点移至激光斑点上。在预留孔的另一处放置垂准仪和接收靶，用经纬仪找准接收靶上激光斑点，然后弹出1m控制线，重复上述操作弹出剩余控制线，根据控制线弹出墙板轴线、墙板边线及200mm控制线（图4.2.8）。

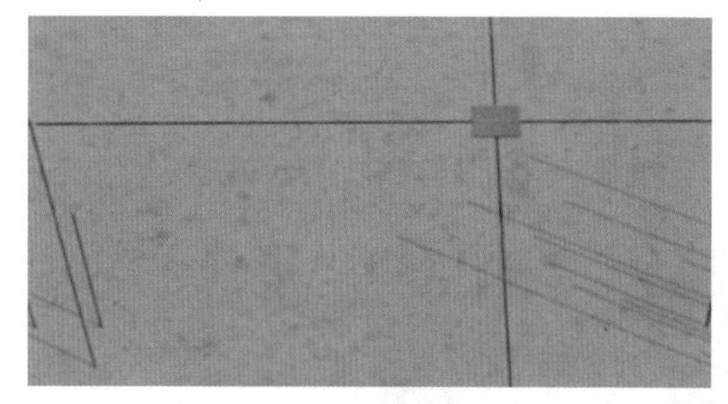

图4.2.5　基准点埋设

图4.2.6　控制线引测孔

图4.2.7　调整激光束

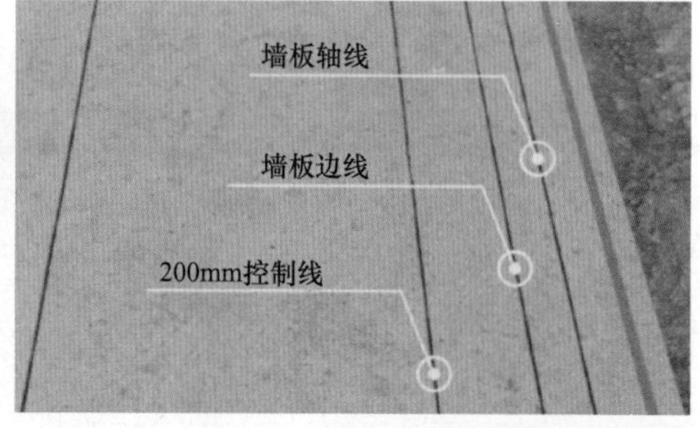

图4.2.8　墙板轴线、墙板边线及200mm控制线

需要注意的是，控制边线须依次弹出以下各项：

① 外墙板：墙板定位轴线和内轮廓线。

② 内墙板：墙板两侧定位轴线和轮廓线（图4.2.9）。

③ 叠合梁：梁底标高控制线（在柱上弹出梁边控制线）。

④ 预制柱：中柱以轴线和外轮廓线为准，边柱和角柱以外轮廓线为准。

⑤ 叠合板、阳台板：四周定位点，由墙面宽度控制点定出。

图4.2.9 内墙板弹线

（5）轴线放线偏差不得超过2mm，当放线遇有连续偏差时，应考虑从建筑物一条轴线向两侧调整，即原则上以中心线控制位置，误差由两边分摊。

（6）标高点布置位置需有专项方案，标高点应有专人复核。根据标高点布置位置使用经纬仪进行测量，要求一次测量到位。预制柱和剪力墙板等竖向构件安装，应首先确定支垫标高：若支垫采用螺栓方式，旋转螺栓到设计标高；若采用钢垫板方式，须准备不同厚度的垫板调整到设计高度。叠合楼板、叠合梁、阳台板等水平构件则测量控制下部构件支撑部位的顶面标高，构件安装好后再测量调整其预制构件的顶面标高和平整度。其中，测量楼层标高点偏差不得超过3mm。

预制梁、柱安装（教学视频）

4.3 预制构件安装

想一想

吊装时，由于预制构件重量及体型较大，应注意哪些安全事项以确保个人的安全以及构件的完整性？

4.3.1 预制框架柱安装

预制框架柱吊装施工流程如图4.3.1所示。

预制柱安装
（教学视频）

图4.3.1　预制框架柱吊装施工流程

具体操作如下：

安装前，首先检查预制柱进场的尺寸、规格及混凝土的强度是否符合设计和规范要求；检查柱上预留套管及预留钢筋是否满足图纸要求；检查套管内是否有杂物，若有杂物，则以高压空气清理柱套筒内部，不能用水清洗（图4.3.2）。同时做好记录，并与现场预留套管的检查记录进行核对，无问题方可进行吊装。吊装顺序宜按照角柱、边柱、中柱顺序进行，与现浇部分连接的柱宜先行吊装。

图4.3.2　清洁柱套筒

放线：根据预制柱平面各轴的控制线进行柱边线放样［图4.3.3（a）］；然后，测高程与安置垫片［图4.3.3（b）］；灌浆后的柱头高程误差须控制在5～10mm，预留柱筋高度须控制在10mm以内，垫片先放置于柱位靠中央侧约0.25*b*（*b*为柱宽度）的位置；在预制柱上端，利用奇异笔和样板［图4.3.3（c）］绘制柱头梁位线［图4.3.3（d）］，以控制预制柱高程。

安装吊具：使用专用吊环和预制柱上预埋的接驳器连接。

吊装：以软性垫片置于预制柱底部，作为翻转时柱底与地面的隔离，起吊离地后停顿15s［图4.3.3（e）］，以确认吊点强度是否足够，同时锁上柱朝下面的斜撑底座。

调整就位：将构件下口预留孔（套筒孔）与预留钢筋相互插入，然后以轴线和外轮廓线为控制线，用撬棍等工具对柱的根部就位进行确定［图4.3.3（f）］。对于边柱和角柱，应以外轮廓线控制为准。

安装斜支撑：锁固柱斜撑固定座及柱头角钢固定座（视设计需要），斜撑固定座的扣环须朝下方对正，每根柱至少须锁紧3组斜撑固定座。柱的上部斜支撑，其支撑点距板底的距离不宜小于柱高度的2/3，且不应小于柱高度的1/2，施工时应注意斜撑两端的螺纹处须锁紧。除角柱锁紧两组斜撑外，其余须锁紧3组斜撑。

校正：使用防风型垂直尺［图4.3.3（g）、（h）］量测偏差值，并以柱斜撑调整垂直度，调整至符合规范要求为止，待柱垂直度调整后，再于4个角落放置垫片。或者用经纬仪控制垂直度，若有少许偏差，可用千斤顶等进行调整。柱底面或者顶面标高偏差控制在±5mm；柱的垂直度偏差与高度有关，一般柱高小于5m时，其偏差控制在5mm之内。

摘钩：应以符合上、下设备规范要求的工具实施，并应实行协同作业以确保人员安全，长柱吊装应用半自动脱钩吊具，减少作业人员爬上摘钩次数［图4.3.3（i）］。

(a) 柱边线放样

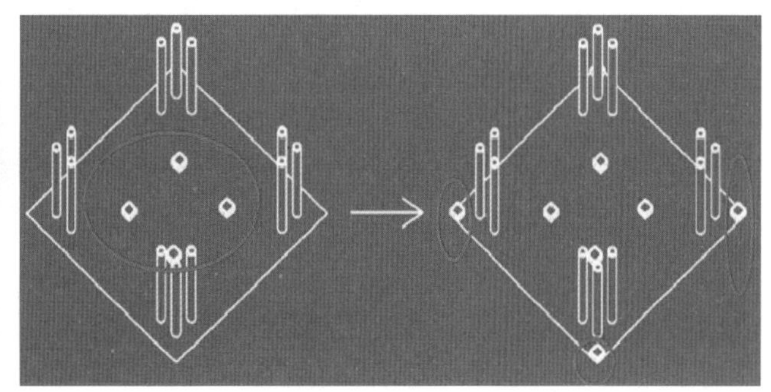

(b) 安置垫片

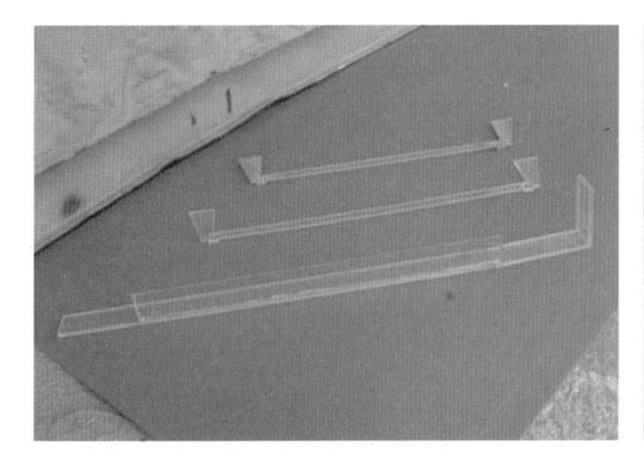

(c) 梁位线亚克力样板

(d) 绘制梁位线

图4.3.3　预制框架柱吊装施工现场

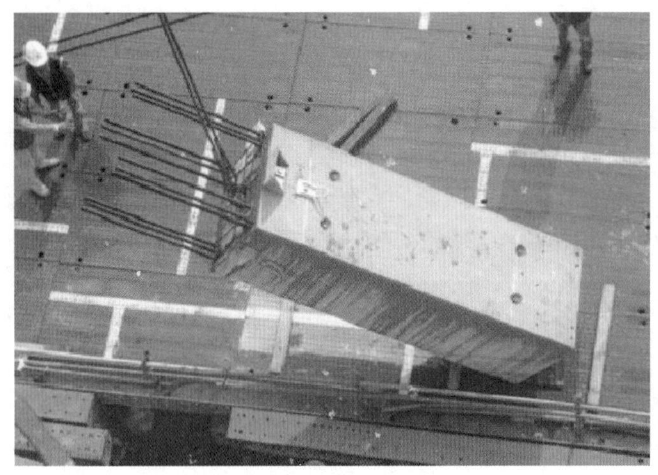

(e) 起吊

(f) 调整

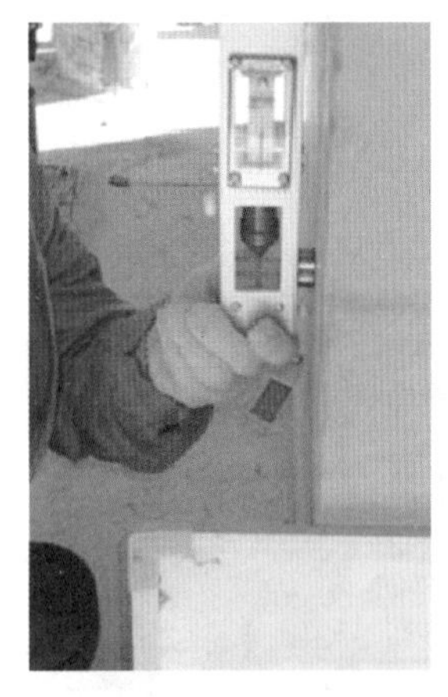

(g) 防风型垂直尺细部

(h) 用防风型垂直尺量测垂直度

(i) 摘钩

图4.3.3（续）

知识拓展 

柱筋的精确定位：对于预埋于现浇结构内的柱筋，可采用蜡烛台、格网箍（图4.3.4）及定位木板局部控制柱筋在预制柱内的平面位置，同时通过“钢琴线”来控制预制柱总体平面位置。格网箍设置原则为：柱混凝土浇筑时须设置上下两道格网箍；对于主筋定位，如柱基础分二次浇筑，则需要安放三道格网箍。

(a) 蜡烛台

(b) 格网箍

图4.3.4　柱筋定位示意图

4.3.2　预制梁安装

预制梁吊装施工流程如图4.3.5所示，预制梁吊装施工现场图如图4.3.6所示。

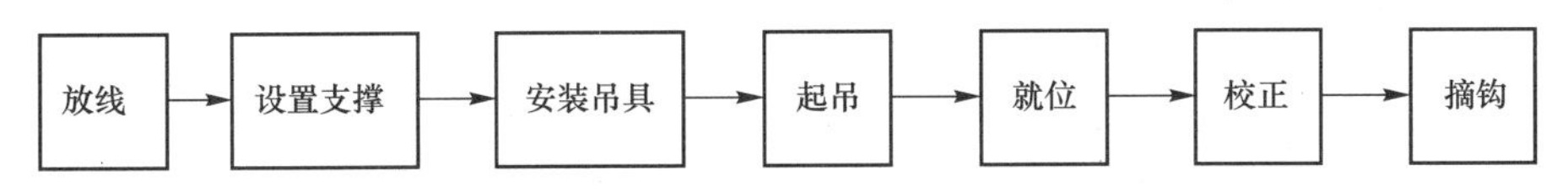

图4.3.5　预制梁吊装施工流程

预制梁安装（教学视频）

具体操作如下：

弹控制线：测出柱顶与梁底标高误差，在柱上弹出梁边控制线。应注意的是，需在构件上标明每个构件所属的吊装顺序和编号，以便于吊装工人辨认。

设置梁底支撑：梁底支撑［图4.3.6（a）］采用立杆支撑+可调顶托+100mm×100mm木方，预制梁的标高通过支撑体系的顶丝来调节。

安装吊具：一般采用两点吊装，将平衡梁、吊索移至构件上方，两侧分别设1人挂钩，将吊钩与预制梁吊环连接，吊索水平夹角不宜大于60°，且不应小于45°。预制梁于起吊前须在地面安装好安全母索，四周边大梁与地面事先安装刚性安全栏杆［图4.3.6（b）］。安装预制梁时工作人员应用安全带钩住柱头钢筋或安全处。

起吊：应先将构件吊离地面200～300mm后停止起吊，检查起重机的稳定性、制动装置的可靠性、构件的平衡性和绑扎的牢固性等，待确认安全无误后，方可继续起吊。

(a) 设置支撑

(b) 在地面先装好边梁安全栏杆

(c) 用牵引绳牵引方向

(d) 支撑架上部用小型钢撑紧

图4.3.6　预制梁吊装施工现场图

就位：用牵引绳牵引方向［图4.3.6（c）］，慢慢转动吊臂，向指定位置移动，注意控制梁移动过程中的平稳度。将梁吊至柱钢筋上方，调整梁的空中位置和平稳度，对准柱上方，缓慢将梁放下。梁下放过程中，不断调整柱钢筋位置，使柱钢筋刚好穿过梁端连接件（柱与梁连接件：槽钢和钢绞线），下放过程中，不断调整连接件的位置，使连接件压入相应位置。

校正：当梁初步就位后，借助柱头上的梁定位线对梁进行精确校正，在调平的同时将下部可调支撑拧紧。控制梁底标高线，偏差应小于5mm；控制梁端位置线，偏差应小于5mm。梁端应锚入柱中、剪力墙中15mm。主梁吊装结束后，根据柱上已放出的梁边和梁端控制线检查主梁上的次梁缺口位置是否正确，如不正确，做相应处理后方可吊装次梁，梁在吊装过程中要按柱对称吊装（安装顺序宜遵循先主梁后次梁、先低后高的原则）。

摘钩：先撑紧支撑［图4.3.6（d）］，安全牢固后方能松开钩头。

4.3.3　预制墙板安装

预制墙板安装施工（教学视频）

预制墙板安装工艺流程如图4.3.7所示，预制墙板吊装如图4.3.8所示。

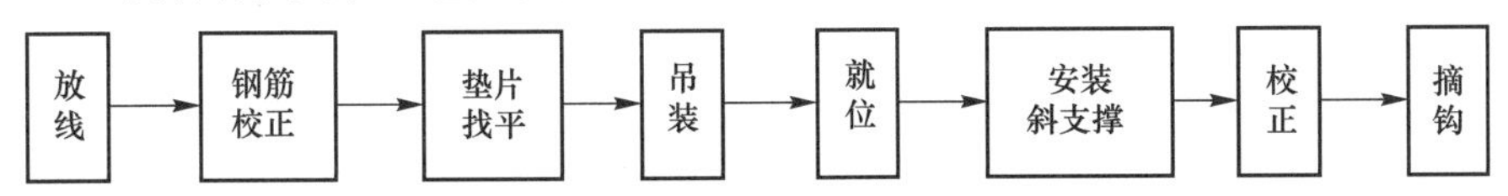

图4.3.7　预制墙板安装工艺流程

(a) 起吊

(b) 吊装中

(c) 就位

(d) 固定

(e) 连接

图4.3.8　预制墙板吊装图

放线：楼面混凝土达到规定强度后，弹出预制墙板墙身线及200mm控制线，用水准仪测量墙板底部水平。

钢筋校正：根据预制墙板定位线，使用钢筋定位框检查预留钢筋位置是否准确，偏位的应及时调整。连接钢筋偏离套筒或孔洞中心线不宜超过2mm。严禁随意切割、强行调整。

垫片找平：用水准仪测量墙板底部水平，根据数值在预制内墙板吊装面位置下放置垫片。

吊装：根据构件形式及质量选择合适的吊具，一般采用两点吊装，超过4个吊点的应采用加钢梁吊装。将平衡梁、吊索移至构件上方，两侧分别设1人挂钩，采用爬梯进行登高操作，将吊钩与墙体吊环连接，吊索水平夹角不宜大于60°，且不应小于45°，在墙板下方两侧伸出箍筋的位置安装引导绳。当塔式起重机将墙板吊离地面时，须检查构件是否水平、各吊钩的受力情况是否均匀，确保构件达到水平，待各吊钩受力均匀后方可起吊至施工位置。因而开始起吊时，应先将构件吊离地面200～300mm后停止起吊，检查起重机的稳定性、制动装置的可靠性、构件的平衡性和绑扎的牢固性等，待确认安全无误后，方可继续起吊。已吊起的构件不能长久停滞在空中。

就位：预制墙板吊运至施工楼层，在距离安装位置一定高度时，停止构件下降，检查墙板的正反面是否和图纸正反面一致，检查地上所标示的垫块厚度与位置是否与实际相符，构件下降距楼面200～300mm时略做停顿。安装工人参照预制墙板定位线扶稳墙板，通过引导绳摆正构件位置（不能通过引导绳强行水平移动构件，只能控制其旋转方向），使有预留孔的一面对准楼面有预埋件一侧，平稳吊至安装位置上方80～100mm时，墙板两端施工人员扶住墙板，缓慢降低墙板位置，落下时预留连接孔与楼面预留插筋对齐（允许偏差值为5mm）。通过小镜子检查墙板下口套筒与连接钢筋位置是否正对，检查合格后缓慢落钩，使墙板落至找平垫片上。根据楼面所放出的墙板侧边线、端线、垫块、墙板下端的连接件使墙板就位。

安装斜支撑：预制墙板就位后及时安装斜支撑。安装时采用先上后下的顺序，先在墙板上安装长斜支撑，两人扶杆，用电动扳手紧固墙面螺栓，再在地面上安装长斜支撑，然后安装短支撑。斜支撑的水平投影应与墙板垂直且不能影响其他墙板的安装，用底部连接件将墙板与楼面连成一体。

校正：支撑安装后，释放吊钩。以一根支撑调整垂直度为准，待校准完毕后紧固另一根支撑，不可两根支撑均在紧固状态下进行调整。调整下口短支撑以调整墙板位置，调整上口长支撑以调整墙板垂直度，采用靠尺测量垂直度（图4.3.9）与相邻墙板的平整度。在调整垂直度时，同一构件上的斜支撑调节件应向同一方向旋转，以防构件受扭。如遇支撑调节件旋转不动时，应查找出问题并进行处理，严禁用蛮力旋转。图4.3.10所示为斜支撑垂直度调整。根据标高调整横缝，横缝不平会直接影响竖缝垂直；竖缝宽度可根据墙板端线控制，或是用一宽度合适（根据竖缝宽确定）的垫块放置在相邻板端进行控制。墙底面或者顶面标高偏差须控制在±5mm；墙的垂直度偏差与高度有关，一般墙高小于5m时，其偏差控制在5mm之内；未抹灰预制墙的平整度偏差控制在±5mm之内（抹灰预制墙的平整度偏差控制在3mm之内）。

图4.3.9　垂直度检验

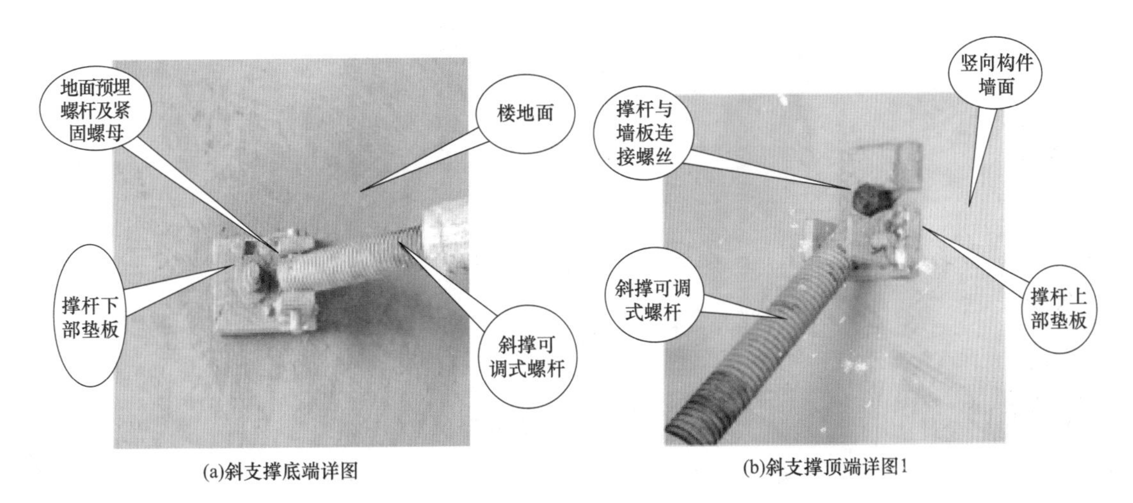

图4.3.10　斜支撑垂直度调整

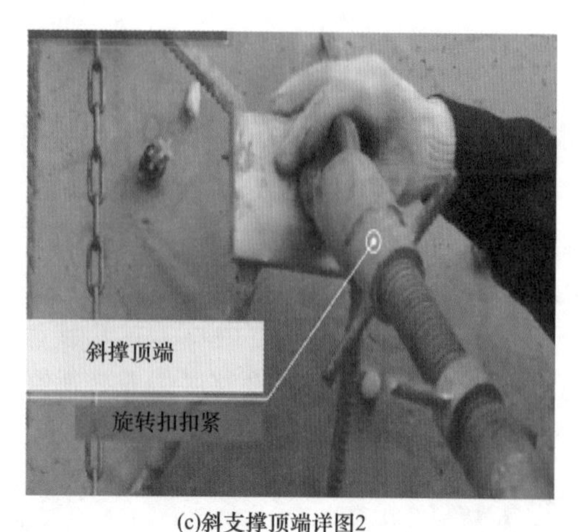

(c)斜支撑顶端详图2

图4.3.10（续）

摘钩：斜支撑安装完成且调整固定后，通过爬梯登高取钩，同时将引导绳迅速挂在吊钩上。

目前，部分工程还采用了预制装配叠合板式混凝土剪力墙结构体系。叠合板式混凝土剪力墙结构是从欧洲引进的一种新型装配式建筑结构，是全部或部分剪力墙采用叠合剪力墙（图4.3.11），全部或部分楼板采用叠合楼板，通过可靠的方式连接，并与现场后浇混凝土形成整体受力的混凝土结构。其施工过程主要控制点是检查调整墙体竖向预留钢筋，固定墙板位置控制方木，测量放置水平标高控制垫块、坐浆、墙板吊装就位，安装固定墙板支撑，水电管线连接，安装附加钢筋，现浇加强部位钢筋绑扎，现浇加强部位支模。其中，吊装墙板竖向钢筋预留位置的偏差应比两块墙板中间净空尺寸小20mm，两块外墙中间现浇部分钢筋应绑扎牢固，并与两块墙体连接牢固，满足设计要求。

图4.3.11　叠合板式混凝土剪力墙

知识拓展

为保证浇筑混凝土时预制墙板受力的整体性，预制墙板之间采用专用的连接件进行固定。连接件有两种形式，即转角型和平面型，连接件采用6mm厚钢板制成，开长圆孔，方便进行微调（图4.3.12）。每块板设置4 个连接件，通过连接件将预制板临时固定，确保预制板接缝平整度、垂直度满足要求。安装连接件时需注意紧固螺栓不宜拧得太紧，以免造成相邻板面接缝错位，影响墙面平整度。连接件调整好后用电焊焊实，避免浇筑混凝土时因连接件位移产生外挂板变形。

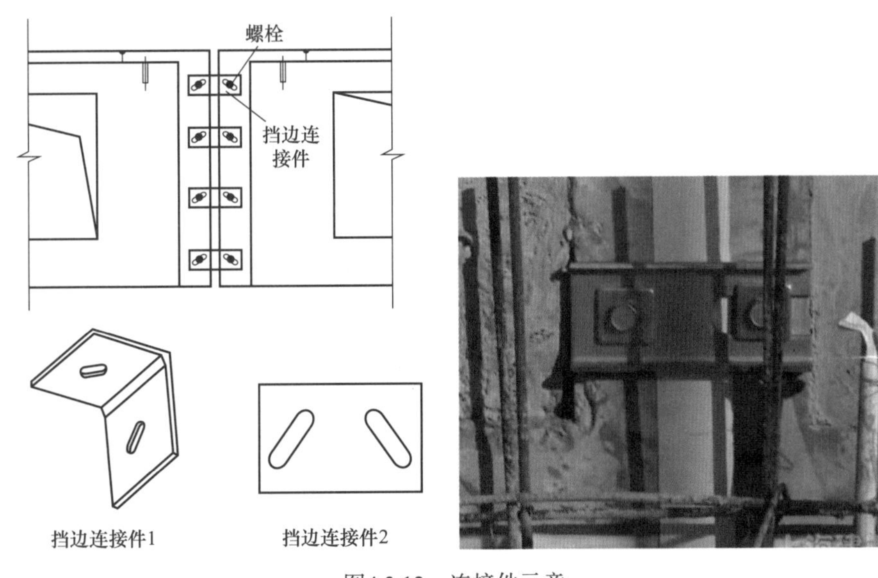

图4.3.12　连接件示意

4.3.4　接缝与防水施工

1. 板缝混凝土灌筑

墙板安装完毕，质量检查合格后，即可进行墙板下部水平抗剪键槽混凝土的灌筑。

灌筑板缝混凝土前，应将模板的漏洞、缝隙堵塞严密，用水冲洗模板，并将板缝浇水充分润湿（冬期施工除外）。

外挂墙板接缝与防水施工（教学视频）

板缝细石混凝土应按设计要求的强度等级进行试配选用。竖缝混凝土坍落度为8～12cm，水平缝混凝土坍落度为2～4cm。运进楼层的混凝土，如发现有坍落度减小或分层离析等现象，可掺用同水灰比的水泥浆进行二次搅拌，严禁任意加水。

每条板缝混凝土应连续浇筑，不得留有施工缝。为使混凝土捣固密实，可在灌筑前在板缝内插放一根$\phi 30$左右的竹竿，随灌筑、随振捣、随提拔，并设专人敲击模板助捣。上下层墙板接缝处的销键与楼板接缝处的销键所构成的空间立体十字抗剪键块，必须一次浇筑完成。

灌筑板缝混凝土时，不允许污染墙面，特别是外墙板的外饰面。发现漏浆要及时用清水冲净。混凝土灌筑完毕后，应由专业人员立即将楼层的积灰清理干净，以免黏结在楼地面上。

板缝内插入的保温和防水材料，灌筑混凝土时不得使之移位或破坏。

每一楼层的竖缝、水平缝混凝土施工时，应分别各做3组试块。其中，1组检测标准养护28d的抗压极限强度，1组检测标准养护60d的抗压极限强度，1组检测与施工现场同条件养护28d的抗压极限强度。评定混凝土强度质量标准以标准养护28d的抗压极限强度组的数据为准，其他2组数据供参考核对使用。

常温条件下施工时，板缝混凝土浇筑后应进行浇水养护。冬期施工时，板缝混凝土的入模温度应大于15℃。当采用P42.5级普通硅酸盐水泥时，混凝土内宜掺入复合抗冻早强剂，水灰比不大于0.55，拆模时间不少于2d；当采用硫铝酸盐水泥时，不得混用其他品种水泥，混凝土内宜掺入占水泥用量2%的亚硝酸钠，水灰比不大于0.55，拆模时间推迟24h。

2. 构造防水和保温处理的施工要点

板缝的防水构造（竖缝防水槽、水平缝防水台阶）必须完整，形状尺寸必须符合设计要求。如有损坏，应在墙板吊装前用108胶水泥砂浆修补完好。

事先要根据设计要求裁制塑料条或油毡条（挡水板），其宽度一般要比两立槽间的宽度大5mm，长度应保证上下楼层搭接15cm。十字缝部位采用分层排水方案时，事先将$\phi 31$的塑料管裁成图4.3.13所示形状，或用24号镀锌薄钢板做成图4.3.14所示的“簸箕”形状以备使用。

板缝采取保温隔热处理时，事先将泡沫聚苯乙烯按照设计要求进行裁制，裁制长度比层高长50mm，然后用热沥青将泡沫聚苯乙烯粘贴在油毡条上（油毡条裁制宽度比泡沫聚苯乙烯略宽一些，长度比楼层高度长100mm），以备使用。

外墙板的立槽和空腔侧壁必须平整光洁，缺棱掉角处应予以修补。立槽和空腔侧壁表面在墙板安装前，应涂刷一道稀释防水胶油（胶油：汽油=7：3）等憎水材料。

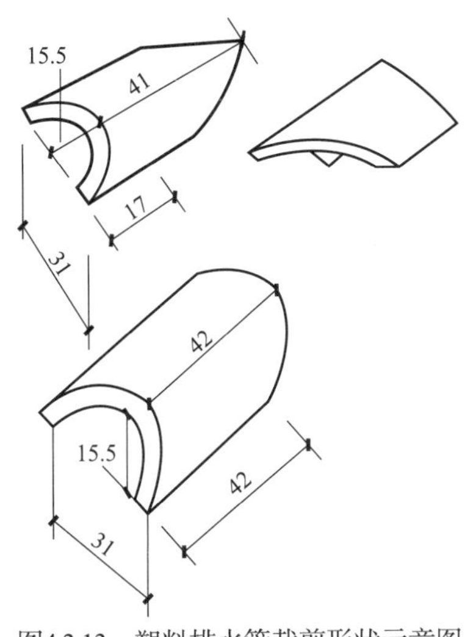

图4.3.13　塑料排水管裁剪形状示意图

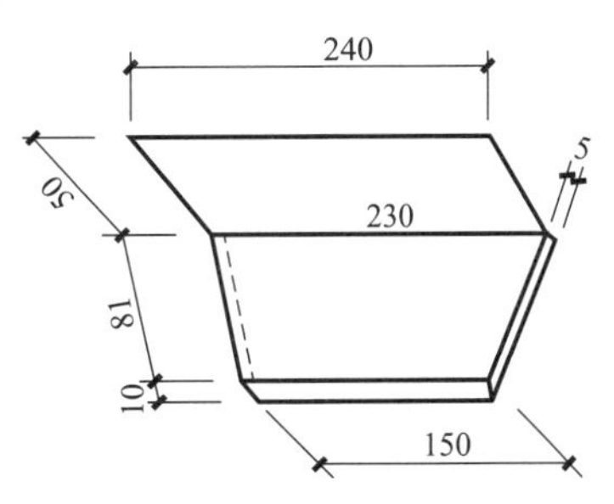

图4.3.14　金属“簸箕”形状示意图

插放塑料或油毡挡水条和泡沫聚苯乙烯条应在板缝混凝土浇筑后进行。插放之前，应将槽内杂物清除干净，然后按缝的实际宽度选用塑料或油毡挡水条。操作时用一根ϕ3（1/2″）电线管，一端焊上ϕ4钢筋头做成的钩子，钩住挡水条沿空腔壁自上而下插入。为避免由于温度胀缩变形影响防水效果，每层下端需将短挡水条与长挡水条搭接，其搭接长度不小于100mm，搭接要顺槎，以保证流水畅通。在插放挡水条后，顺立缝空腔后壁插入油毡泡沫聚苯乙烯保温条。插放油毡泡沫聚苯乙烯保温条或其他保温材料时，要确保其位置的准确性，上、下端接槎要严密，不允许漏空及卷材翘边。插入后，用木杆拍压使其结实地附在空腔后壁上，防止灌板缝混凝土时挡水条鼓出或混凝土漏进空腔内。低温施工时，塑料条需用热水浸软后方可嵌插。

在平、立缝的防水砂浆勾缝前，应将缝隙清理干净，并将校正墙板用的木楔和铁楔从板底拔出，不得遗留或折断在缝内。勾平缝防水砂浆前，先将预裁好的保温条嵌入缝内，防水砂浆的配合比为水泥：砂子：防水粉＝1：2：0.02（重量比），调制时先以干料拌和，拌和均匀后再加水调制，以利防水。

为防止立缝内砂浆脱落，勾缝时一定要将砂浆挤进立槽内，但不得用力过猛，防止将塑料条（或油毡条）挤进减压空腔里，更严禁砂浆或其他杂物落入空腔里。平缝外口防水砂浆需分2～3次勾严。板缝外口的防水砂浆要求勾得横平竖直、深浅一致，力求美观。

为防止和减少水泥砂浆的开裂，勾缝用的砂浆应掺入占水泥重量0.6%～0.7%的玻璃纤维；低温施工时，为防止冻结，应掺适量氯盐。

为了检验板缝防水效果，宜在勾缝前先进行20min的淋水检验。对个别板缝由于吊装及构件误差而造成的“瞎缝”，则应做材料防水处理。

3．材料防水施工要点

材料防水可按图4.3.15所示工艺流程进行。

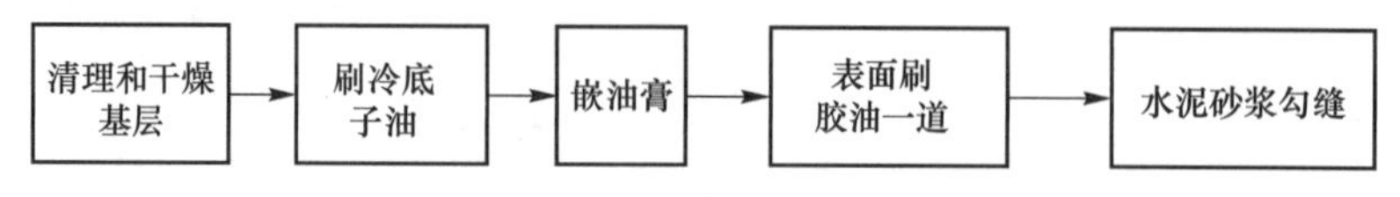

图4.3.15　材料防水施工工艺流程

板缝基层必须坚硬、密实，不能有疏松、蜂窝和麻面等现象，基层表面要平整、干燥，不得有灰尘、浮土，不允许潮湿和存有积水，雨天或混凝土表面有霜、露、冰时不得施工。

嵌缝前涂刷冷底子油两遍，待第一遍干燥后再刷第二遍。涂刷要均匀严密。冷底子油的配合比为胶油：汽油＝3：7（重量比），严禁用煤油、柴油或其他油类配制。用聚氯乙烯胶泥嵌缝膏时，冷底子油配合比为煤焦油：二甲苯或甲苯＝1：（3～4）。

嵌油膏时，先将油膏搓成与缝粗细相适应的圆条嵌入缝内，再用刮刀或铁镏子逐段用力压实，使油膏与缝壁粘牢。采用聚氯乙烯胶泥嵌缝膏时，必须现配现用，每次配料不宜过多，嵌缝后，用喷灯热贴。为防止油膏黏结，嵌缝时可在手上或刮刀上沾少量鱼油或滑石粉，但严禁在油膏表面、容器内、手上、刮刀和铁镏子上沾水或其他油类，特别要防止滑石粉进入缝内。立缝用油毡做灌缝混凝土模板时，必须清除面层的滑石粉（带云母片的油毡不得使用），局部有钉子孔或裂缝处，事先应用油膏堵严。

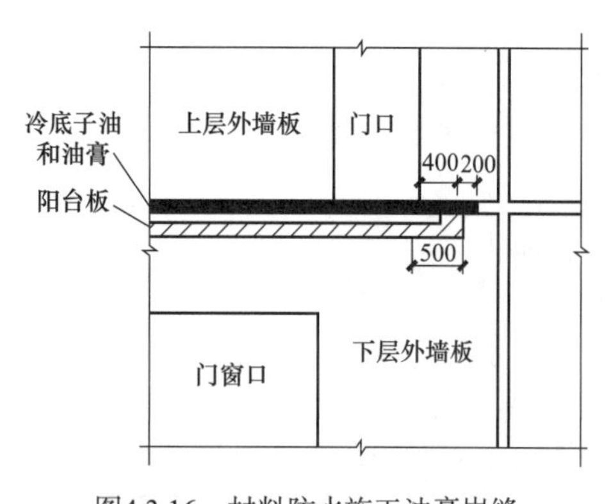

图4.3.16　材料防水施工油膏嵌缝

气温过低、膏体过硬不宜施工时，可用热水熔箱间接加热，切不可用火直接加热。采用聚氯乙烯胶泥嵌缝时，如胶泥与混凝土黏结有开脱现象，应用烙铁热烫修补或用喷灯修补。压紧抹平后的油膏须与缝面相平或稍微鼓出，然后在表面上满涂胶油一道，其配合比为胶油：汽油＝7：3（重量比），涂刷宽度至少须超出油膏边缘4mm以上。

阳台板下和雨罩下的水平缝，为防止渗进雨水，应做材料防水，油膏的嵌缝长度如图4.3.16所示。

叠合板安装
（教学视频）

4.3.5　叠合板安装

叠合板安装工艺流程如图4.3.17所示，叠合板现场吊装如图4.3.18所示。

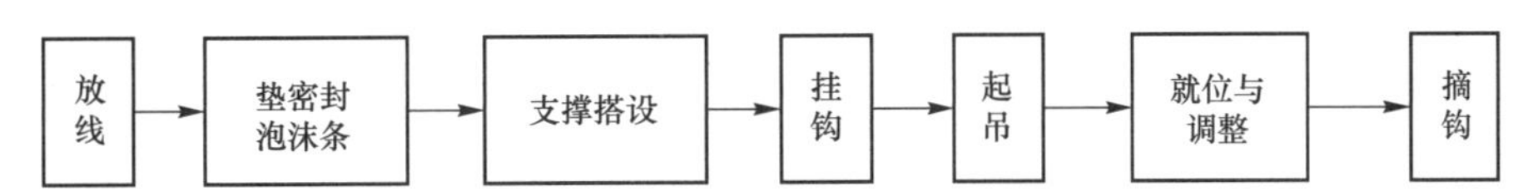

图4.3.17 叠合板安装工艺流程

(a) 挂钩

(b) 起吊

(c) 就位与调整

图4.3.18 叠合板现场吊装

放线：根据支撑平面布置图，在楼面画出支撑点位置；根据顶板平面布置图，在墙顶端弹出叠合板边缘位置垂直线。

垫密封泡沫条：叠合板与墙体搭接处垫泡沫条。

支撑搭设：根据楼面画出的支撑定位点，安装独立钢支撑。独立支撑系统由立杆、顶托、三脚架、木工字梁及独立顶托构成。搭设支撑架宜采用独立支撑体系或轮式脚手架，搭设时，立杆间距不宜过大，木工字梁两端及木工字梁搭接位置应用带三脚支撑立杆，工字梁中间位置用带独立顶托的支撑立杆，三脚架应展开到位以保证支撑立杆的稳定性。用水准仪控制支撑架顶部的高程，控制其高程值小于叠合梁梁底高程2cm。采用轮口式的立杆与立杆之间必须设置一道或一道以上双向连接杆。立管上端设置顶托，顶托上放置木方（木方应平整顺直且具有一定刚度），木方与顶托用铁丝绑扎牢固，木方铺设方向应与叠合板拼缝垂直。工字木或木方铺设完成后应对板底标高进行精确定位，通过调节支撑杆、顶撑螺纹套或顶托使全部木方处于同一水平面上，其标高等同板底标高（当未设置木方时），则顶托标高等同板底标高，如图4.3.19所示；或者安装铝合金梁，独立支撑安装完成后，将铝合金梁平搁在支撑顶端插架内，铝合金梁伸出支撑两端距离相等，调节支撑使铝合金梁上口标高至叠合板板底标高。

(a)独立钢支撑系统铺设1

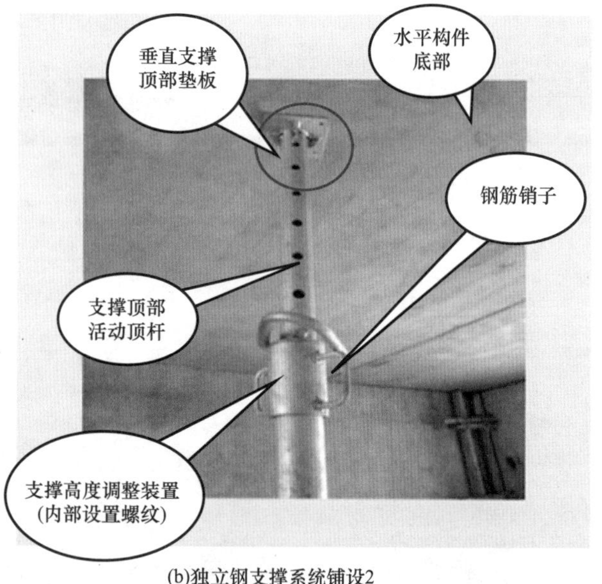

(b)独立钢支撑系统铺设2

图4.3.19　独立钢支撑系统铺设

挂钩：用带锁扣的吊钩钩住叠合楼板桁架筋，吊钩吊点位置按设计图纸挂4个点，一般位于构件的0.2～0.25L处，应确保各吊点均匀受力。

起吊：在吊钩使吊索绷直受力时停止起钩，检查吊钩是否与钢筋连接，并在两个对角安装引导绳，随后平稳起吊，将叠合板吊运至安装位置。根据平面布置图和事先编好的吊装顺序将相应规格的叠合板吊装至楼面，放在铝合金梁上。图4.3.20为叠合板吊装至楼面俯视图。

图4.3.20　叠合板吊装至楼面俯视图

就位与调整：叠合板吊至吊装面上1.5m高时，调整叠合板平整度，按指示方向落位，同时观察楼板预留孔洞与水电图纸的相对位置。检查无误后，缓慢下落，拉拽引导绳调整叠合板方位，然后抓住叠合板桁架钢筋固定叠合板，在至吊装面以上10cm时参照模板边缘校准落下。需根据墙面弹出的叠合板边线，使用直尺配合撬棍调整叠合板位置，根据板底1m线检查叠合板标高。叠合板拼缝宽度、板底拼缝高低差须小于3mm。轴线偏差允许值为±5mm，相邻板间表面高低差控制在±2mm。

摘钩：当板下有支撑时，应先撑紧支撑，方能松钩头。摘下吊钩，手扶吊钩缓慢升起，以防止吊钩钩挂叠合板上的钢筋。

安全防护架搭设：邻边的叠合板吊装完成一块时，应立即将此处的邻边防护安装好。安装外围叠合楼板时，操作人员必须系好安全带。

装配式建筑楼板支模架系统有键槽式连接钢管承重支撑系统、独立支撑系统和轮口式支撑系统。键槽式连接钢管承重支架是一种新型的便捷式支撑架，它成功地弥补了传统扣件式模板支架的不足。图4.3.21为键槽式连接钢管承重支架架体支撑示意图。

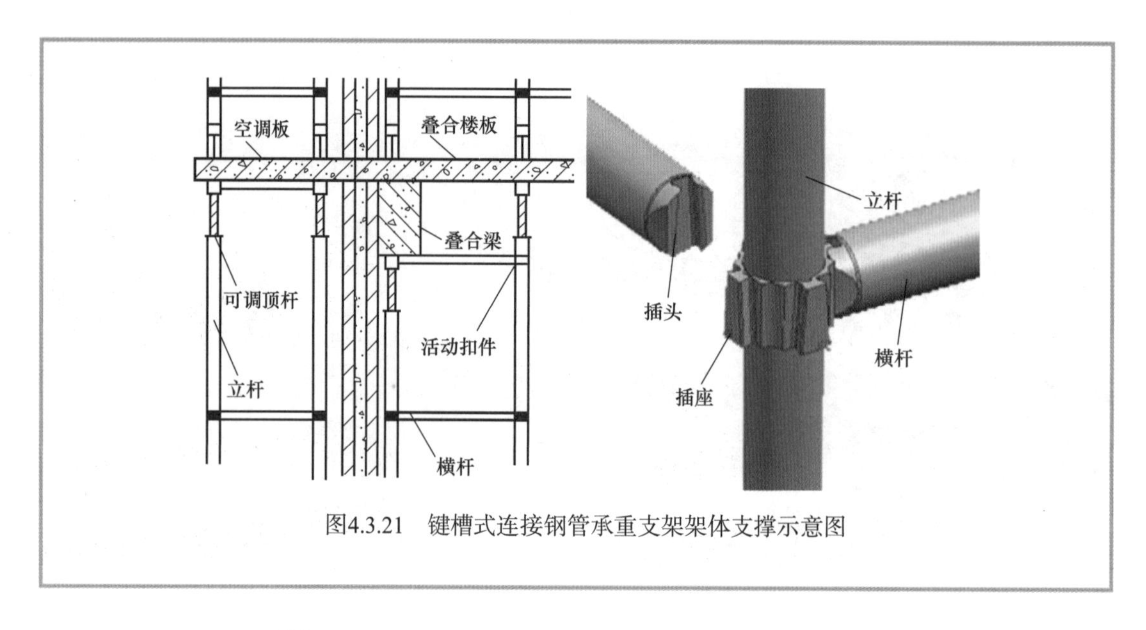

图4.3.21　键槽式连接钢管承重支架架体支撑示意图

4.3.6　阳台板与空调板安装

阳台板、空调板、楼梯安装（教学视频）

预制阳台板、空调板安装施工流程如图4.3.22所示。

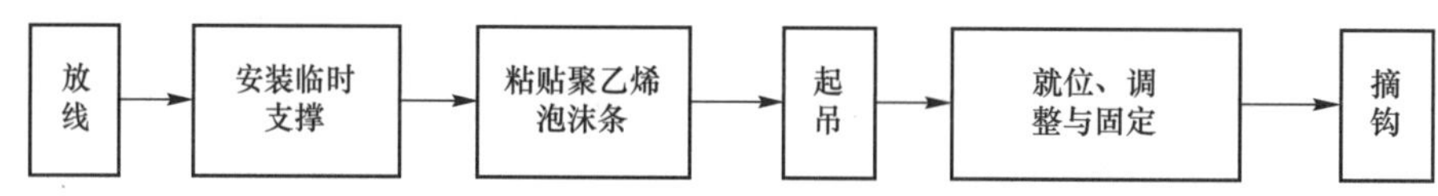

图4.3.22　预制阳台板、空调板安装施工流程

放线：每块预制构件吊装前测量并弹出相应周边（隔板、梁、柱）控制线。

安装临时支撑：安装人员系好安全带，搭设支撑排架，临时排架与建筑内部排架相连（排架顶端可以调节高度）。其中，板底支撑采用钢管脚手架＋可调顶托＋100mm×100mm木方，顶托上木方截面不应翘曲，与构件接触面应平整光滑，木方应与顶托有可靠连接，确保构件微调时不脱落。板吊装前应检查是否有可调支撑高出设计标高，校对预制梁及隔板之间的尺寸是否有偏差，并做相应调整。

粘贴聚乙烯泡沫条：在空调板安装槽内左、右、下三侧粘贴好聚乙烯泡沫条。

起吊：使用专用吊环连接阳台板、空调板上预埋的接驳螺钉（起吊前空调板栏杆在地面焊接好后用砂浆抹平养护）。

就位、调整与固定：空调板吊起至1.5m高度处，调整位置，锚固钢筋向内侧，使锚固筋与已完成结构预留筋错开，便于就位，构件边线基本与控制线吻合。预制构件吊至设计位置上方3～6cm后，抓住锚固钢筋固定空调板，使空调板缓慢落下，将空调板引至安装槽内；空调板有锚固筋一侧与预制外墙板内侧对齐，空调板预埋连接孔与空调竖向连接板对齐，然后安装空调板竖向连接板的连接锚栓，并拧紧牢靠。根据板周边线，在隔板上弹出的标高控制线对板标高及位置进行精确调整，使用水平尺测量水平度，通过调节油托配合水平尺确定空调板安装高度和水平，误差控制在±5mm。通常，阳台板底标高比室内叠合楼板底标高低50mm，阳台板支承于外墙板上60mm。

摘钩：螺栓连接好并检查无误后，拆除专用吊具。

预制空调板现场吊装施工过程如图4.3.23所示。

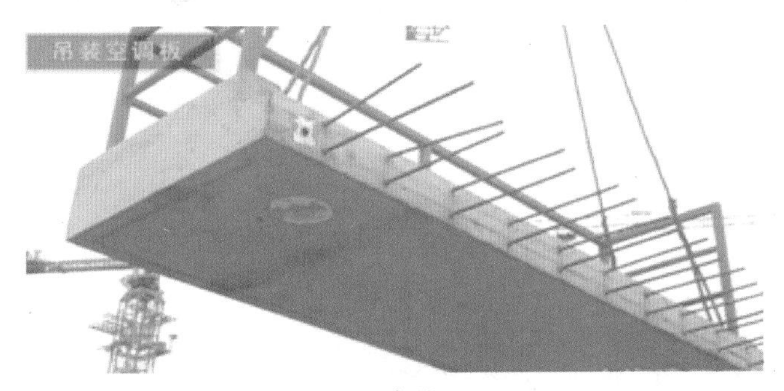

(a) 起吊

(b) 调整位置——锚固钢筋向内侧

(c) 空调板有锚固筋一侧与预制外墙板内侧对齐

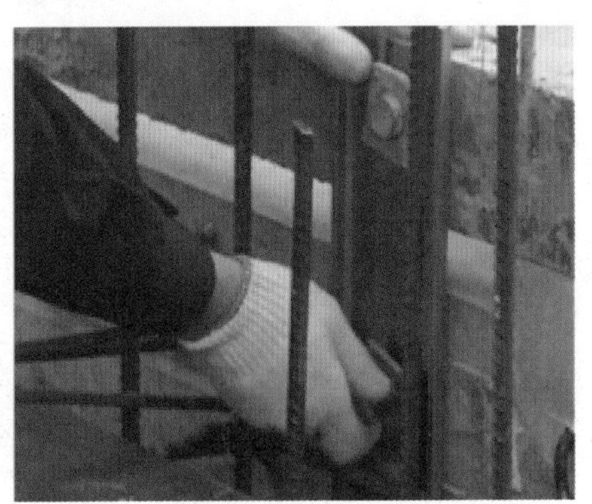

(d) 安装空调板竖向连接板的连接锚栓

图4.3.23　预制空调板现场吊装施工过程

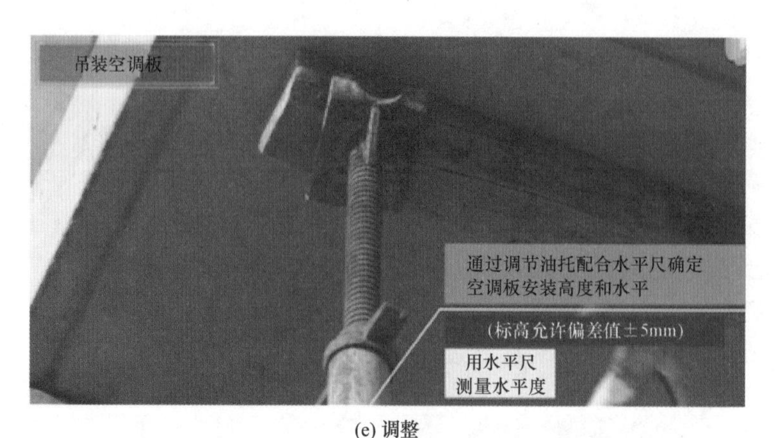

(e) 调整

图4.3.23（续）

预制楼梯板安装（教学视频）

4.3.7　预制楼梯安装

预制楼梯安装施工流程如图4.3.24所示，预制楼梯现场吊装如图4.3.25所示。

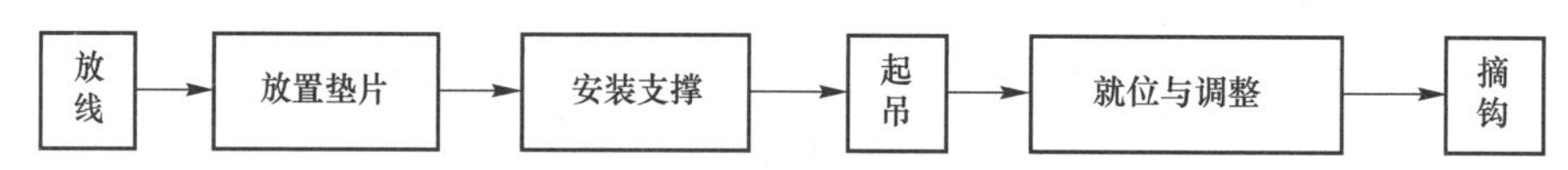

图4.3.24　预制楼梯安装施工流程

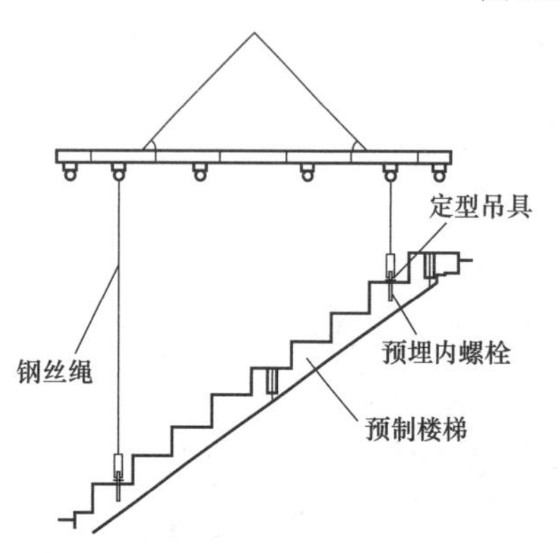

(a) 挂钩

(b) 调整梯段平整度

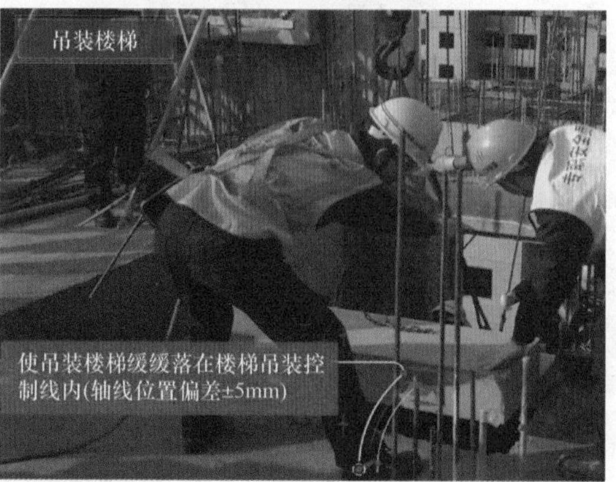

(c) 就位

图4.3.25　预制楼梯现场吊装

(d) 调整

图4.3.25（续）

放线：楼梯间周边梁板安放后，测量并弹出相应楼梯构件端部和侧边的控制线。

放置垫片：根据预制楼梯梯段的高度测量楼梯梁现浇面水平度，根据设计高度和测量结果放置不同厚度的垫片（每个梯段共计4块垫片），标高允许偏差值为±5mm。

安装支撑：同叠合楼板。

挂钩：吊装采用4点起吊，使用专用吊环和预制楼梯上预埋的接驳器连接，同时使用钢扁担、钢丝绳和吊环配合楼梯板吊装。

起吊：调整索具铁链长度，使楼梯段休息平台（梯段吊装前，休息平台板必须安装调节完成，因为平台板需承担部分梯段荷载，所以下部支撑必须牢固并形成整体）板处于水平位置，试吊预制楼梯板，检查吊点位置是否准确、吊索受力是否均匀等。试起吊高度不应超过1m。

就位与调整：吊装至1.5m高时，调整梯段平整度，使梯段上下端平行于梯梁，使吊装楼梯缓慢落在楼梯吊装控制线内（轴线位置偏差为±5mm），当楼梯吊至梁上方30～50cm后，调整楼梯位置使上下平台锚固筋与梁箍筋错开，板边线基本与控制线吻合。在吊装楼梯到吊装面5～10cm高度时，根据已放出的楼梯控制线，用撬棍和直尺配合将构件根据控制线精确就位，先保证楼梯两侧准确就位，再使用水平尺和拉伸葫芦倒链调节楼梯水平。吊装就位后，重点检查板缝宽度及板底拼缝高差。若高差较大，必须调节顶托使高低差在允许范围以内。调节支撑板就位后调节支撑立杆，确保所有立杆全部受力。

摘钩：检查牢固后方可拆除专用吊具。

知识拓展

由于预制构件体型较大以及施工空间的局限性等因素，保证施工安全尤为重要。在施工过程中，为确保安全，应注意以下事项：

（1）装配式建筑施工前，宜选择有代表性的单元进行预制构件试安装，并应根据试安装结果及时调整施工工艺，完善施工方案。吊装前应仔细检查吊具、吊点与吊耳是否正常，若充填吊点有异物应立即清理干净。螺钉必须能深入吊点内3cm以上（或依设计值而定）。

（2）起吊瞬间应停顿15s，测试吊点强度及构件平衡性后，方可继续起吊。构件必须加挂牵引绳，以利于作业人员拉引、控制构件转动。

（3）夜间施工时，应防止光污染对周边居民的影响。

（4）遇到雨、雪、雾天气，或者风力大于6级时，不得进行吊装作业。

（5）构件吊装时，构件底部应“净空”，不得站人。

（6）在叠合梁、板就位后，立即在建筑物外侧临边搭设围护栏杆并满挂安全网，在外墙板吊装前拆除（但应按照实际吊装顺序，在安装前拆除就位处外围临边防护，不可提前拆除，更不可一次性拆除全部外临边防护栏杆）。栏杆采用三杆水平杆，下用可调式夹具紧固在建筑构件上，立杆间距不大于2m。施工现场围护、阳台安全挂网实景如图4.3.26所示。阳台处临边防护栏杆须待图纸上设计的建筑栏杆施工到该部位时方可拆除，不可提前拆除，更不可一次性拆除多层。电梯井道及电梯门处的防护应随施工进度及时进行封闭。

图4.3.26　施工现场围护、阳台安全挂网实景

4.4 钢筋套筒灌浆连接

想一想

装配整体式混凝土结构组成的各个预制构件已经吊装完毕，如何保证其节点或接缝的承载力、刚度和延性不低于现浇钢筋混凝土结构呢？

4.4.1 概述

钢筋套筒施工（教学视频）

钢筋套筒灌浆连接是指在预制混凝土构件内预埋的金属套筒中插入钢筋并灌注水泥基灌浆料而实现的钢筋连接方式。其原理是透过铸造的中空型套筒，将钢筋从两端开口穿入套筒内部，不需要搭接或熔接，钢筋与套筒间填充高强度微膨胀结构性砂浆，借助套筒对砂浆的围束作用，加上本身具有的微膨胀特性，增大砂浆与钢筋套筒的正应力，由该正应力与粗糙表面产生摩擦力来传递钢筋应力，如图4.4.1所示。

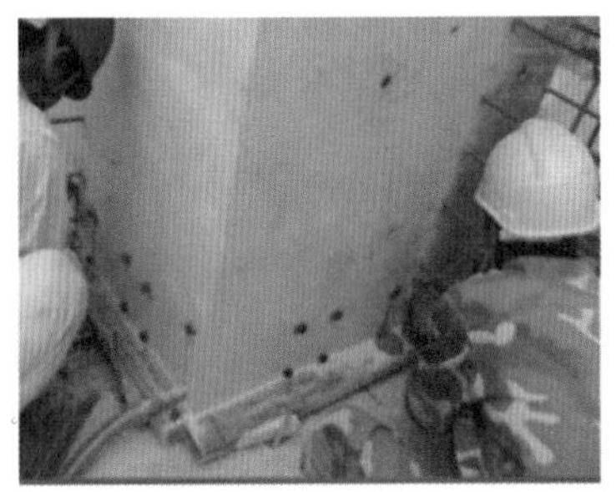

(a)

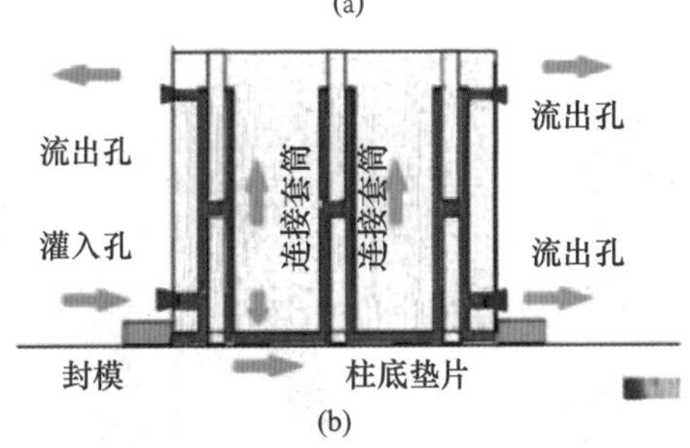

(b)

图4.4.1　钢筋套筒连接器示意图及原理图

4.4.2 施工工艺

施工前要做相应的准备工作，由专业施工人员根据现场的条件进行接头力学性能试验，按不超过1000个灌浆套筒为一批，每批随机抽取3个灌浆套筒制作对中连接接头试件（40mm×40mm×160mm），标准条件下养护28d，并进行抗压强度检验，其抗压强度不低于85N/mm^2。具体可按图4.4.2所示工艺流程进行。

塞缝 → 封堵下排灌浆孔 → 拌制灌浆料 → 浆料检测 → 注浆 → 封堵上排出浆孔 → 试块留置

图4.4.2　钢筋套筒灌浆连接施工工艺流程

塞缝：预制墙板校正完成后，使用坐浆料将墙板其他三面（外侧已贴橡塑棉条）与楼面间的缝隙填嵌密实。

封堵下排灌浆孔：除插灌浆嘴的灌浆孔外，其他灌浆孔使用橡皮塞封堵密实。

拌制灌浆料：按照水灰比要求，加入适量的灌浆料、水，使用搅拌器搅拌均匀。搅拌完成后应静置3～5min，待气泡排除后方可进行施工。

浆料检测：检查拌和后的浆液流动度，左手按住流动性测量模，用水勺舀0.5L调配好的灌浆料倒入测量模中，倒满模子为止，缓慢提起测量模，约0.5min之后，测量灌浆料平摊后最大直径为280～320mm，为流动性合格。每个工作班组进行一次测试。

注浆：将拌和好的浆液倒入灌浆泵，启动灌浆泵，待灌浆泵嘴流出浆液呈线状时，将灌浆嘴插入预制墙板灌浆孔内，开始注浆。

封堵上排出浆孔：间隔一段时间后，上排出浆孔会逐个渗出浆液，待浆液呈线状流出时，通知监理进行检查（灌浆处进行操作时，监理旁站，对操作过程进行拍照摄影，做好灌浆记录，三方签字确认，质量可追溯），合格后使用橡皮塞封堵出浆孔。封堵要求与原墙面平整，并及时清理墙面、地面上的余浆。

试块留置：每个施工段留置一组灌浆料试块（将调配好的灌浆料倒入三联试模中，用作试块，与灌浆相同条件养护）。

无收缩水泥砂浆试块及套筒灌浆接头制作如图4.4.3所示。

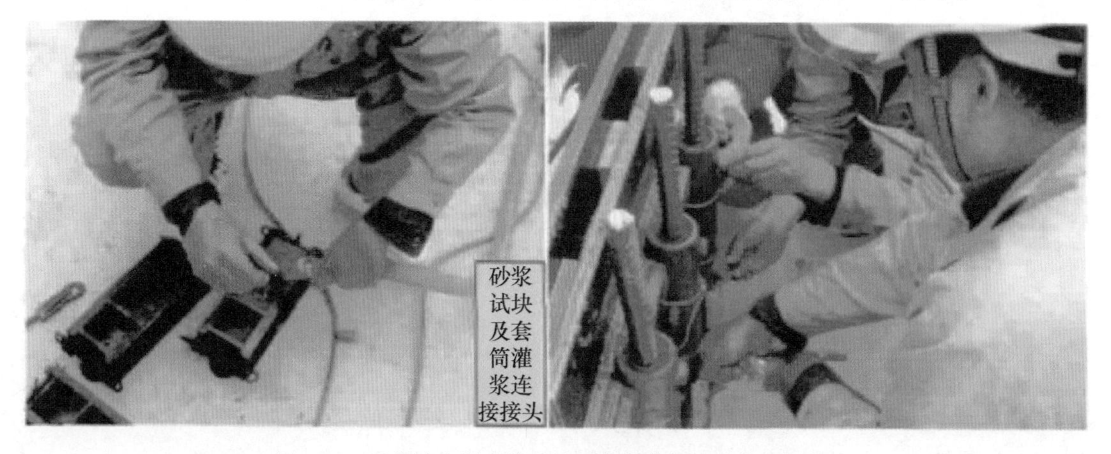

图4.4.3　无收缩水泥砂浆试块及套筒灌浆连接接头制作

知识拓展 

装配整体式混凝土结构的节点或接缝的承载力、刚度和延性对于整个结构的承载力起着决定性作用，而目前大部分工程中柱与楼板、墙与楼板等节点连接都是通过钢筋套筒灌浆连接，因而确保钢筋套筒灌浆连接的质量极为重要。为此，施工过程中，需要注意的事项如下：

（1）检查无收缩水泥期限是否在保质期（一般为6个月）内，6个月以上禁止使用；3～6个月的须过8号筛去除硬块后使用。

（2）无收缩水泥的搅拌用水，不得含有氯离子。使用地下水时，一定要检验氯离子，严格禁用海水。禁止用铝制搅拌器搅拌无收缩水泥。

（3）在灌浆料强度达到设计要求后，方可拆除预制构件的临时支撑。

（4）砂浆搅拌时间必须大于3min。搅拌完成后于30min内完成施工，逾时则弃置不用。

（5）当日气温若低于5℃，灌浆后必须对柱底混凝土施以加热措施，使内部已灌注的续接砂浆温度维持在5～40℃。加热时间至少48h。

（6）柱底周边封模材料应能承受1.5MPa的灌浆压力，可采用砂浆、钢材或木材材质。

（7）续接砂浆应搅拌均匀，灌浆压力应达到1.0MPa，灌浆时由柱底套筒下方注浆口注入，待上方出浆口连续流出线状浆液时，再采用橡胶塞封堵。

（8）套筒灌浆连接接头检验应以每层或500个接头为一个检验批，每个检验批均应全数检查其施工记录和每班试件强度试验报告。

（9）在安放墙体时，应保证每个注浆孔通畅，预留孔洞满足设计要求，孔内无杂物。注浆前，应充分润湿注浆孔洞，防止因孔内混凝土吸水导致灌浆料开裂情况发生。

（10）进行个别补注：完成注浆半个小时后，检查上部注浆孔是否有因注浆料的收缩、堵塞不及时、漏浆造成的个别孔洞不密实情况。如有，则用手动注浆器对该孔进行补注灌浆料。

4.5 钢筋绑扎与墙、柱模板安装

4.5.1 钢筋绑扎

在钢筋绑扎以前，首先应先校正预留锚筋、箍筋的位置和箍筋弯钩角度。根据图纸要求从下至上放置箍筋，并保证每个箍筋间隔绑扎；从上至下插入纵筋，并绑扎固定。剪力墙与受力钢筋和节点暗柱垂直连接，并采用搭接绑扎方式，其搭接长度应符合相关规范要求。

4.5.2 墙、柱模板安装

墙、柱模板安装（教学视频）

当采用钢框木模板体系（图4.5.1）时，首先取下厂家在预埋螺栓孔封堵用的保护件，根据图纸验收横向、竖向钢筋绑扎距离，安装旋紧对拉螺栓，并套上对拉螺栓套筒；安装并固定钢框木模板体系，对拐角处钢管采取连接固定措施。

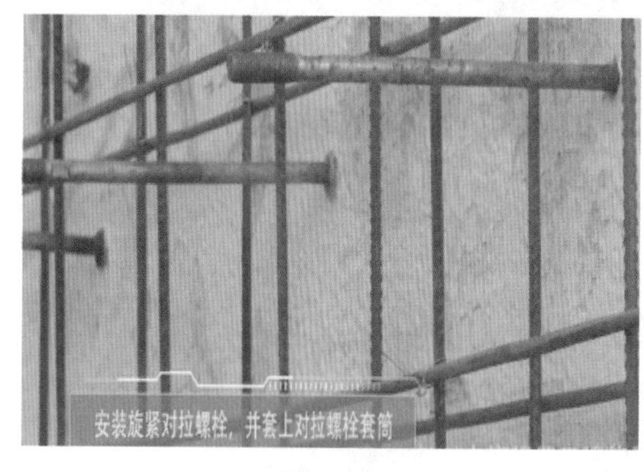

(a) 安装对拉螺栓

(b) 套上对拉螺栓套筒

(c) 安装并固定钢框木模板体系

图4.5.1 模板安装（钢框木模板体系）

当采用铝合金模板体系（图4.5.2）时，首先，按照配模图进行模板拼装，并放置在节点指定位置。竖向拼装完成之后，进行横向拼装，横向拼装采用销钉、销片连接。连接时，带转角的模板以阴角模为基准往两边连接，平面模板从左至右顺序连接。拼装完成后采用临时支撑，防止模板倒塌造成安全事故。其次，按照对应的孔位安装PVC套管及对拉螺栓，模板拼装完成后，根据模板事先预留的孔洞进行PVC套管安装，安装完之后每根套管穿一根对拉螺栓，由两人分别站在墙板的两面进行配合操作。然后，继续按照配模图完成背楞安装，横向位置根据套管和对拉螺杆的位置确定；背楞从底部开始安装，注意此时不须进行紧固，只需保证背楞靠近模板即可，也可适当紧固防止脱落。再次，调整模板位置，完成紧固。其中，高度方向以墙板上表面为高度参考面，使模板对齐高度参考面，底部高度差通过加木楔弥补；为防止漏浆，底部需采用素混凝土砂浆堵缝，空隙较大处用方木填堵；方木应贴在铝合金模板的下端，平直放置，保证层间墙体的平滑过渡；宽度方向要求设计压边宽度为50mm，且必须保证两边搭边长度不少于30mm。最后，进行垂直度和墙柱的截面尺寸校核，合格后完成背楞紧固，完成底部砂浆补漏工作；去除临时支撑，完成安装。

(a) 安装PVC套管

(b) 套管中穿对拉螺栓

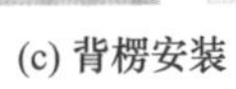

(c) 背楞安装

图4.5.2 模板安装（铝合金模板体系）

安装过程中，需要注意以下几点：

（1）外墙板对拉螺栓直径为16mm，且对拉螺栓须旋入外墙板套筒内不少于25mm。

（2）模板安装应在叠合板吊装完毕后分区进行，如需先支模再放置叠合楼板时，模板顶标高应略低于叠合板底标高。

（3）模板与预制墙板接触面须贴双面胶条，防止漏浆。

（4）模板拆除前，场地应清理干净，先拆除支撑扫地杆，再拆除对拉螺栓、横向背楞，最后拆除模板。

4.6 管线预留预埋

4.6.1 概述

管线预留预埋
（教学视频）

装配式混凝土建筑工程中，给排水管道有很多要穿越楼板或墙面，一般情况下从施工到结构封顶都不能进行管道施工，如果管道安装和其他工种作业交叉进行，容易损坏管道或因砂浆等杂物进入而堵塞管道，产生质量问题。

根据设计图纸将预埋机电管线绑扎固定（图4.6.1），有地面管线需埋入墙板的必须严格控制其定位尺寸并固定牢固，其伸出混凝土完成面不得小于50mm，用胶带纸封闭管口。

图4.6.1　楼板管线布置

管线预留预埋需注意以下几点：

（1）做好施工技术交底。在技术交底时要明确预留孔洞和预埋套管的准确位置，不能存在疏忽大意思想，认为预留多少或位置稍有偏差关系不大。在施工过程中，常常出现因预留孔洞和预埋套管的不合理而造成安装位置发生冲突，最终只能采取较大范围调整的办法，从而造成人力、物力以及经济上的浪费。

（2）套管制作要符合施工规范和施工图集要求。预埋套管和构件的制作方法直接影响后期的施工质量，施工单位应严把质量关，施工必须符合设计图纸、施工规范和施工图集的要求。

（3）与土建施工密切配合，保证预埋及时。管道穿越基础预留洞、管道穿越楼板预留洞、支架预埋钢构件等应在土建施工时提前做好，不可在主体完成后再开凿孔洞，严禁乱砸孔洞，甚至割断楼板主筋，避免造成成品破坏及结构强度下降。

（4）加强混凝土浇筑现场的指导。在混凝土浇筑时，要安排专业人员在现场负责预留孔洞和预埋套管监督，发现问题及时处理。

4.6.2　水暖工程安装洞口预留

当水暖系统中的一些穿楼板（墙）套管不易安装时，可采用直接预埋套管的方法，埋设于楼（屋）面、空调板、阳台板上，包括地漏、雨水斗等。有预埋管道附件的预制构件在工厂加工时，应做好保洁工作，避免附件被混凝土等材料污染、堵塞。

由于预制混凝土构件是在工厂生产现场组装的，其与主体结构间是靠金属件或现浇处理进行连接，因此，所有预埋件的定位除了要满足距墙面、穿越楼板和穿越梁的结构要求外，还应为金属件和墙体安装留出空间，一般距两侧构件边缘不小于40mm。

装配式建筑宜采用同层排水。当采用同层排水时，下部楼板应严格按照建筑、结构、给水排水专业的图纸预留足够的施工安装距离，并且应严格按照给水排水专业的图纸，预留好排水管道的预留孔洞。

4.6.3　电气工程安装预留预埋

1．预留孔洞

预制构件成型后一般不得再进行打孔、开洞，特别是预制墙应按设计要求标高预留好过墙的孔洞，重点注意预留的位置、尺寸、数量等应符合设计要求。

2．预埋管线及预埋件

电气施工人员对预制墙构件进行检查，检查需要预埋的箱盒、线管、套管、大型支架埋件等是否漏设，规格、数量、位置等是否符合要求。

预制墙构件中主要预留配电箱、等电位联结箱、开关盒、插座盒、弱电系统接线盒、消防显示器、控制器、按钮、电话、电视、对讲机等的位置及其管线的埋设。

预埋管线应畅通，金属管线内外壁应按规定做除锈和防腐处理，清除管口毛刺。埋入楼板及墙内管线的保护层不小于15mm，消防管路保护层不小于30mm。

3．防雷、等电位连接点的预埋

装配式建筑的预制柱在工厂加工制作，两段柱体对接时，多采用的是套筒连接方式，即一段柱体端部为套筒，另一段柱体端部为钢筋，钢筋插入套筒后注浆。若选用柱结构钢筋作为防雷引下线，需要将两段柱体钢筋用等截面钢筋焊接起来，达到电气贯通的目的。选择柱内的两根钢筋作为引下线和设置预埋件时，应尽量选择预制墙、柱的内侧的钢筋，以便于后期焊接操作。

预制构件生产时应注意避雷引下线的预留预埋，在柱的两个端部均需要焊接与柱筋同截面的扁钢，将其作为引下线埋件。应在设有引下线的柱室外地面上500mm处，设置接地电阻测试盒，测试盒内测试端子与引下线焊接部位应在工厂加工预制柱时做好预留，预制构件进场时现场管理人员进行检查验收。

预制构件应在金属管道入户处做等电位连接，卫生间内的金属构件也应进行等电位连接，所以在生产加工过程中，应在预制构件中预留好等电位连接点。整体卫浴内的金属构件须在部品内完成等电位连接，并标明和外部连接的接口位置。

为防止侧击雷，应按照设计图纸的要求，将建筑物内的各种竖向金属管道与钢筋连接，部分外墙上的栏杆、金属门窗等较大金属物要与防雷装置相连，结构内的钢筋连成闭合回路作为防侧击雷接闪带。均压环及防侧击雷接闪带均须与引下线做好可靠连接，预制构件处需要按照具体设计图纸要求预埋连接点。

4.6.4 整体卫浴安装预留、预埋

施工测量卫生间截面进深、开间、净高、管道井尺寸、窗高，以及地漏、排水管口的尺寸，预留的冷热水接头、电气线盒、管线、开

关、插座的位置等，此外应提前确认楼梯间、电梯的通行高度、宽度以及进户门的高度、宽度等，以便于整体卫浴部件的运输。

预留预埋前，应进行卫生间地面找平、给水排水预留管口检查，确认排水管道及地漏是否畅通、无堵塞现象，检查洗面盆排水孔是否排水正常，对给水预留管口进行加压检查，确认管道无渗漏水问题。

按照整体卫浴说明书进行防水底盘加强筋的布置，布置加强筋时应考虑底盘的排水方向，同时应根据图纸设计要求在防水底盘上安装地漏等附件。

4.7 混凝土浇筑施工

想一想

装配式建筑混凝土浇筑与传统施工有哪些不同?

1. 钢筋施工

楼板钢筋施工：安放板底钢筋保护层垫块，架空、安装楼面钢筋，安装板负筋（若为双层钢筋则为上层钢筋）并设置马凳，设置板厚模块，自检、互检、交接检后报监理验收。

2. 混凝土浇筑

混凝土浇筑施工
（教学视频）

在浇筑混凝土前，预制构件结合面疏松部分的混凝土应剔除并清理干净，还应按设计要求检查结合面的粗糙程度及预制构件的外露钢筋，严格按设计要求对接触面进行处理，检查钢筋、木模、水电预埋无问题后，提前24h洒水润湿结合面，应当采用比构件强度高一个等级的混凝土浇筑，并振捣密实。

混凝土浇筑现场如图4.7.1所示。一人扶输送管，两人操作振动棒（其中一人抬振动电机拉线），每次振捣的时间为3～5s，振动棒插入前后间距一般为30～50cm，也可使用平板振动器来进行振捣。振捣结束后，两人找平混凝土，两人收光。楼面平整度应严格控制：利用边模顶面和柱插筋上的标高控制混凝土厚度和混凝土平整度；同时，控制楼面混凝土标高偏差在8mm以内，外墙边局部梁标高偏差由专人负责修整。

图4.7.1　混凝土浇筑现场

采用预制构件做模板的柱、剪力墙，从楼梯角的柱开始，往一个方向逐步浇筑。混凝土必须分层振捣，控制混凝土流速并由专人选用小功率的插入式振动棒振捣，振动器距离模板不大于15cm，也不得紧靠模板，且应尽量避免碰撞钢筋及各种预埋件。插入振动棒位置应错开对拉螺栓，并注意对对拉螺栓进行保护。每次插入振捣的时间为20～30s，并以混凝土不再显著下沉、不出现气泡、开始泛浆时为准。振动棒插入前后间距一般为30～50cm，防止漏振。混凝土浇筑时应安排专人负责打棒，防止因漏振出现蜂窝、麻面，防止因强振出现跑模、露筋。柱、剪力墙混凝土的浇筑高度应严格控制：在露出的柱插筋上做好混凝土顶标高标志，利用外圈叠合梁上的外侧预埋钢筋固定边模专用支架，调整边模顶标高至板顶设计标高；且楼板与柱、剪力墙分开浇筑时，柱、剪力墙混凝土的浇筑高度应略低于叠合楼板底标高。

养护：应在浇筑完毕后的12h内对混凝土进行保湿养护并加以覆盖，当采用塑料布覆盖养护时，应覆盖严密，并应保持塑料布内有凝结水。当日平均气温低于5℃时，不得浇水。对于用硅酸盐水泥、普通硅酸盐水泥或矿渣硅酸盐水泥拌制的混凝土，养护时间不得少于7d；对于掺用缓凝型外加剂或有抗渗要求的混凝土，不得少于14d。

当后浇叠合楼板混凝土强度符合现行国家及地方规范要求时，方可拆除叠合板下的临时支撑，以防止叠合梁发生侧倾或混凝土过早承受拉应力而使现浇节点出现裂缝。

知识拓展

目前，装配式建筑越来越多，装配率不断提高，其结构工程施工技术越来越成熟，工程经验越来越丰富。经过总结，工程中常出现的一些问题及其应对措施如下：

（1）L形窗台板采用两点吊装，吊装过程中易产生歪斜，增加安装难度。若增加一个吊点预埋件，采用三点吊装，可保证L形窗台板吊装时平正，如图4.7.2和图4.7.3所示。

图4.7.2　两点吊装

图4.7.3　三点吊装

（2）PC构件＋铝模的暗柱部位、PCF（预制外挂墙板）内两段式螺杆板下端出现大量“爆模”时，可加密铝模斜撑，并在模板底部进行拉杆加固，如图4.7.4～图4.7.6所示。

（3）若PC构件与楼板、暗柱模板的交接处局部存在偏差，可局部采用木模拼装加固，如图4.7.7～图4.7.9所示。

（4）楼板模板在墙阴角处没有竖向支撑，楼板“爆模”后下垂，可在墙阴角处的楼板模板增设竖向支撑，如图4.7.10和图4.7.11所示。

图4.7.4　PC构件＋铝模的暗柱部位“爆模”

图4.7.5　PCF内两段式螺杆板下端“爆模”

图4.7.6　加密铝模斜撑

图4.7.7　PC构件与楼板模板交接处存在偏差

图4.7.8　PC构件与暗柱模板交接处存在偏差

图4.7.9　局部采用木模拼装加固

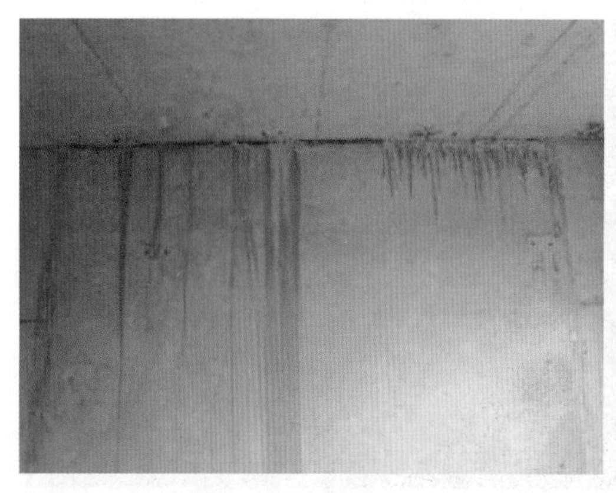

图4.7.10　楼板“爆模”后下垂

图4.7.11　墙阴角处增设竖向支撑

（5）预制楼板在混凝土浇筑时开裂。预制楼板在混凝土浇筑后，顺着桁架钢筋方向产生裂缝，通过对施工过程的跟踪分析，发现有以下几个方面的原因：吊装时，吊点位置不合理；叠合梁顶面平整度不够，产生应力集中；木工字梁搭设不合理。

预制楼板吊装时，吊点位置应符合受力要求，采用8点起吊；由于生产的预制梁顶面不平整，可考虑将预制梁的叠合面降低2mm，防止预制楼板直接搭接在梁上；木工字梁搭设时，要确保木工字梁顶面在同一水平面上。在实际工程中，预制楼板底部增设一层直径较小、间距较大的分布筋，可有效控制楼板裂缝的扩张。

（6）预制墙板在混凝土浇筑振捣时，部分墙板节点部位产生了较大的位移。存在位移的主要原因有：预制墙板安装用斜支撑设置不合理，预制墙板底面安装用垫块放置不合理；混凝土浇筑时浇筑顺序不合理。

由于楼（地）面存在高低误差，且预制墙板安装时要使用撬棍，故需在墙板底部留一条水平缝，将缝内混凝土浇筑密实，一般缝高50mm。在安装预制墙板时，应在底面放置垫块，垫块的放置应结合斜支撑的安装进行选择，将垫块放置在斜支撑的正下方，使垫块位置、斜支撑两端点位置形成三角形受力模式，确保墙板在施工荷载作用下不产生偏移。在浇筑混凝土时，应按从中间向两侧的顺序浇筑，避免从一侧到另一侧的浇筑方式。

4.8 质量控制

4.8.1 概述

装配式混凝土建筑安装工程质量控制除了遵循《装配式混凝土建筑技术标准》（GB/T 51231—2016）外，同样要遵循《建筑工程施工质量评价标准》（GB / T 50375—2016）、《混凝土结构工程施工规范》（GB 50666—2011）和《混凝土结构工程施工质量验收规范》（GB 50204—2015）等。

项目检验包括性能检测、资料检查和观感质量评价。性能检测标准是：检查项目的检测指标一次检测达到设计要求及规范规定的应为一档，取100%的分值；按相关规范规定，经过处理后满足设计要求及规范规定的应为二档，取70%的分值。施工单位在预制构件、配件和材料进场时应核查性能检测报告。

资料检查包括材料、设备合格证，进场验收记录及复试报告，施工记录及施工试验等。资料完整并能满足设计要求及规范规定的应为一档，取100%的分值；资料基本完整并能满足设计要求及规范规定的应为二档，取70%的分值。

观感质量评价时，每个检查项目以随机抽取的检查点按“好”“一般”给出评价。项目检查点90%及其以上达到“好”，其余检查点达到“一般”的应为一档，取100%的分值；项目检查点80%及其以上达到“好”，但不足90%，其余检查点达到“一般”的应为二档，取70%的分值。

对于允许偏差项目，检查项目90%及以上测点实测值达到规范规定值的应为一档，取100%的分值；检查项目80%及以上测点实测值达到规范规定值，但不足90%的应为二档，取70%的分值。检查时在各相关检验批中，随机抽取5个检验批，不足5个的取全部进行核查。

检验批的质量验收应包括实物检查和资料检查，并应符合下列三项规定：第一是主控项目，这些项目的质量抽样检验必须合格；第二是一般项目，这些项目采用计数抽样检验，除了规范特殊规定外，合格点率应该达到80%以上，并且不得有严重缺陷；第三是在项目实施过程中应具有完整的质量检验记录，重要工序应具有完整的施工操作记录。

装配式混凝土建筑质量控制点主要包括预制构件外观、尺寸、力学性能、防水、安装方案以及所对应的各种连接方案。

4.8.2 主控项目

《装配式混凝土建筑技术标准》（GB/T 51231—2016）中关于预制构件安装和连接部分主控项目一共有七类，具体如下。

1. 临时固定措施

临时固定措施是装配式混凝土结构安装过程中承受施工荷载、保证结构定位、确保施工安全的有效措施。临时支撑时常用临时固定措施，包括水平构件下方的临时竖向支撑、水平构件两端支撑构件上设置的临时牛腿、竖向构件临时斜撑等。

临时固定措施应符合设计要求，有专项施工方案，必须符合现行国家相关标准，该项目可以通过贯穿检查，检查施工方案、施工记录或设计文件，要求进行全数检查。

2. 后浇混凝土

装配整体式混凝土结构节点区的后浇混凝土质量控制非常重要，不但要求其与预制构件的结合面紧密结合，还要求其自身浇筑密实，达到设计混凝土强度指标。后浇混凝土按批检验，应符合《混凝土强度评定指标》（GB/T 50107—2010）的相关规定。

当后浇混凝土与现浇结构采用与预制构件相同强度等级混凝土浇筑时，此时可以采用现浇结构的混凝土试块强度进行评定。对有特殊要求的后浇混凝土应单独制作试块进行检验评定。

3. 钢筋套筒灌浆连接和浆锚搭接连接

钢筋套筒灌浆连接和浆锚搭接连接是装配式混凝土结构的重要连接方式，灌浆质量的好坏直接影响结构整体性。灌浆应饱满、密实，所有孔道均应出浆。本项目要全数检查，检查灌浆施工质量检查记录以及有关检验报告。

钢筋采用套筒灌浆连接和浆锚搭接连接时，连接接头的质量和传力性能是影响装配式混凝土结构受力性能的关键，应严格控制。套筒灌浆连接前应按现行行业标准《钢筋套筒灌浆连接应用技术规程》（JGJ 355—2015）的有关规定进行钢筋套筒灌浆连接接头工艺试验，试验合格后方可进行灌浆作业。这部分按批检验，以每层为一个检验批；每工作班应制作1组且每层不应少于3组40mm × 40mm × 160mm的长方体试件，标准养护28d后进行抗压强度试验。检查灌浆料强度试验报告和评定记录。

4. 预制构件底部接缝坐浆

预制构件底部接缝坐浆强度应满足设计要求。检查数量按批检验，以每层为一检验批；每工作班同一配合比应制作1组且每层不应少于3组边长为70.7mm的立方体试件，标准养护28d后进行抗压强度试验，检查坐浆材料强度试验报告及评定记录。

说明：接缝采用坐浆连接时，为确保坐浆满足竖向传力要求，应对坐浆的强度提出明确的设计要求。对于不需要传力的填缝砂浆可以按构造要求规定其强度指标。施工时，应采取措施确保坐浆在接缝部位饱满密实，并加强养护。

5. 钢筋连接

（1）机械连接。钢筋采用机械连接时，应按现行行业标准《钢筋机械连接技术规程》（JGJ 107—2016）的有关规定进行验收。平行加工试件应与实际钢筋连接接头的施工环境相似，并宜在工程结构附近制作。对于直螺纹机械连接接头，应按有关标准规定检验螺纹接头拧紧扭矩和挤压接头压痕直径。对于冷挤压套筒机械连接接头，其接头质量也应符合国家现行有关标准的规定。

（2）焊接连接。在装配式混凝土结构中，常会采用钢筋或钢板焊接连接。当钢筋或型钢采用焊接连接时，钢筋或型钢的焊接质量是保证结构传力的关键主控项目，应由具备资格的焊工进行操作，并应按《钢结构工程施工质量验收规范》（GB 50205—2020）和《钢筋焊接及验收规程》（JGJ 18—2012）的有关规定进行验收。考虑到装配式混凝土结构中钢筋或型钢焊接连接的特殊性，很难做到连接试件原位截取，故要求制作平行加工试件。平行加工试件应与实际钢筋连接接头的施工环境相似，并宜在工程结构附近制作。

钢筋焊接检查数量：应符合现行行业标准《钢筋焊接及验收规程》（JGJ 18—2012）的有关规定。采用型钢焊接连接时应全数检查。

（3）螺栓连接。装配式混凝土结构采用螺栓连接时，螺栓、螺母、垫片等材料的进场验收应符合《钢结构工程施工质量验收规范》（GB 50205—2020）的有关规定。施工时应分批逐个检查螺栓的拧紧力矩，并做好施工记录。

此项应全数检查。检验方法遵循《钢结构工程施工质量验收规范》（GB 50205—2020）的有关规定。

6. 结构工程外观

装配式混凝土结构的外观质量除设计有特殊外，尚应符合《混凝土结构工程施工质量验收规范》（GB 50204—2015）中关于现浇混凝土结构的有关规定。对于出现的严重缺陷及影响结构性能和安装、使用功能的尺寸偏差，处理方式应按现行国家标准《混凝土结构工程施工质量验收规范》（GB 50204—2015）的有关规定执行。对于出现的一般缺陷，处理方式同上述方式。

装配式混凝土结构分项工程的外观质量不应有严重缺陷，且不得有影响结构性能和使用功能的尺寸偏差。该项要求全数检查。检验方法可采用现场观察、量测，并检查处理记录。

7. 外墙板接缝的防水

装配式混凝土结构的接缝防水施工是非常关键的质量检验内容，是保证装配式混凝土外墙防水性能的关键，施工时应按设计要求进行选材和施工，并采取严格的检验措施。考虑到此项验收内容与结构施工密切相关，应按设计及有关防水施工要求进行验收。

外墙板接缝的现场淋水试验应在精装修进场前完成，并应满足下列要求：淋水量应控制在3L/（m^2·min），持续淋水时间为24h；某处淋水试验结束后，若背水面存在渗漏现象，应对该检验批的全部外墙板接缝进行淋水试验，并对所有渗漏点进行整改处理；整改完成后重新对渗漏的部位进行淋水试验，直至不再出现渗漏点为止。

按批检验：每1000m^2外墙（含窗）面积应划分为一个检验批，不足1000m^{2}时也应划分为一个检验批；每个检验批应至少抽查一处，抽查部位应为相邻两层4块墙板形成的水平和竖向十字接缝区域，面积不得少于10m^2。

4.8.3　一般项目

一般项目有结构分项工程和饰面外观两项。

1. 结构分项工程尺寸检查

装配式混凝土结构分项工程的施工尺寸偏差及检验方法应符合设计要求；当设计无要求时，应符合表4.8.1的规定。

表4.8.1　装配式混凝土结构分项工程施工尺寸偏差及检验方法

项目			允许偏差/mm	检查方法
构件中心线、对轴线位置	基础		15	经纬仪及尺量
	竖向构件（柱、墙、桁架）		8	
	水平构件（梁、板）		5	
构件标高	梁、柱、墙、板底面或顶面		±5	水准仪或拉线、尺量
构件垂直度	柱、墙	≤6m	5	经纬仪或吊线、尺量
		>6m	10	
构件倾斜度	梁、桁架		5	经纬仪或吊线、尺量
相邻构件平整度	板端面		5	2m靠尺和塞尺量测
	梁、板底面	外露	3	
		不外露	5	
	柱、墙侧面	外露	5	
		不外露	8	
构件搁置长度	梁、板		±10	尺量
支座、支垫中心位置	板、梁、柱、墙、桁架		10	尺量
墙板接缝	宽度		±5	尺量

检查数量：按楼层、结构缝或施工段划分检验批。同一检验批内，对梁和柱应抽查构件数量的10%，且不少于3件；对墙和板应按有代表性的自然间抽查10%，且不少于3间；对大空间结构，墙可按相邻

轴线间高度5m左右划分检查面，板可按纵、横轴线划分检查面，抽查10%，且均不少于3面。

2．饰面外观

装配式混凝土建筑的饰面外观质量应符合设计要求，并应符合《建筑装饰装修工程质量验收规范》（GB 50210—2018）的有关规定。

此项可以通过观察、对比量测，检查数量上要求全数检查。

4.9 安全管理

4.9.1 概述

安全生产是实现建设工程质量、进度、造价三大控制目标的重要保障。近年来，随着建筑工业化水平的提高和装配整体式混凝土结构的大力推进，对建筑施工安全管理提出新的要求。

安全生产责任制是安全管理的核心。装配式混凝土建筑施工应执行国家、地方、行业和企业的安全生产法规和规章制度，落实各级各类人员的安全生产责任制，尤其是装配整体式混凝土结构的安全操作规程和安全知识的培训和再教育势在必行，同产业化密切相关的制度应重点强调。

1．制定各工种安全操作规程

遵循工种安全操作规程可减少和控制劳动过程中的不安全行为，预防伤亡事故，确保作业人员的安全和健康，是企业安全管理的重要制度之一。安全操作规程的内容应根据国家和行业安全生产法律、法规、标准、规范，结合施工现场的实际情况来制定，同时根据现场使用的新工艺、新设备、新技术，制定出相应的安全操作规程，并监督其实施。

2．制定施工现场安全管理规定

施工现场安全管理规定是施工现场安全管理制度的基础，目的是规范施工现场安全防护设施的标准化、定型化。施工现场安全管理的内容包括施工现场一般安全规定、构件堆放场地安全管理、脚手架工程安全管理、支撑架及防护架安全使用管理、电梯井操作平台安全管理、马道搭设安全管理、水平安全网支搭拆除安全管理、孔洞临边防护安全管理、拆除工程安全管理、防护棚支搭安全管理等。

3. 制定机械设备安全管理制度

机械设备是指建筑施工普遍使用的垂直运输和构件加工机具，由于机械设备本身存在一定的危险性，如果管理不当可能造成伤亡事故，塔式起重机和汽车式起重机是装配式混凝土结构施工中安全使用管理的重点。机械设备安全管理制度应规定：大型设备使用应到上级有关部门备案，遵守国家和行业有关规定，还应设专人定期进行安全检查、保养，保证机械设备处于良好的状态。

4. 制定施工现场临时用电安全管理制度

施工现场临时用电是建筑施工现场使用广泛、安全隐患较大的项目，它牵扯到每个劳动者的安全，也是施工现场一项重点的安全管理项目。施工现场临时用电管理制度的内容应包括外电的防护、地下电缆的保护、设备的接地与接零保护、配电箱的设置及安全管理规定（总箱、分箱、开关箱）、现场照明、配电线路、电器装置、变配电装置、用电档案的管理等。

4.9.2　构件运输安全管理

构件运输作业首先要做好车辆的安全检查，根据构件大小和重量进行车辆选型；其次，在装卸预制件时，使车辆尽可能在坚硬平坦道路上行驶，装载位置尽量靠近半挂车中心，左右两边余留空隙基本一致。在确保渡板后端无人的情况下，放下和收起渡板；吊装工具与预制件连接必须牢靠，较大预制件必须直立吊起和存放；预制件起升高度要严格控制，预制件底端距车架承载面或地面小于100mm；吊装行走时，立面在前，操作人员站于预制件后端，两侧与前面禁止站人。

建筑产业化施工过程中，要根据运输与堆放方案，提前做好堆放场地、固定要求、堆放支垫及成品保护措施。对于大型构件的装卸应有专门的质量安全保证措施，应掌握构件装卸的操作安全要点。

4.9.3　构件吊装安全管理

安装作业开始前，应对安装作业区进行围护并做出明显的标识，拉警戒线，根据危险源级别安排旁站，严禁与安装作业无关的人员进入。吊装过程中要注意以下事项：

（1）预制构件起吊后，先将预制构件提升300mm左右，停稳构件，检查钢丝绳、吊具和预制构件状态，确认吊具安全且构件平稳后，方可缓慢提升。

（2）吊运预制构件时，构件下方严禁站人，应待预制构件降落至距地面1m以内方准作业人员靠近，就位固定后方可脱钩。

（3）高空吊运应通过揽风绳调整预制构件方向，严禁高空直接用手扶预制构件。

（4）遇到雨、雪、雾天气，或者风力大于5级时，不得进行吊装作业。

4.9.4 支撑体系安全管理

支撑体系包括内支撑、独立支撑、剪力墙临时支撑。装配式混凝土结构中预制柱、预制剪力墙临时固定一般用斜钢支撑；叠合楼板、阳台等水平构件一般用独立钢支撑或钢管脚手架支撑。

相关规范规定，施工作业使用的专用吊具、吊索、定型工具式支撑、支架等应进行安全验算，使用中进行定期、不定期检查，确保其处于安全状态。

模板和支撑材料也需要符合安全规定要求，例如，模板拆除时要注意先后顺序，先拆非承重模板后拆承重模板；拆除时间要根据后浇混凝土强度而定。

4.9.5 高空作业安全管理

根据《建筑施工高处作业安全技术规范》（JGJ 80—2016）的规定，预制构件吊装前，吊装作业人员应穿防滑鞋、戴安全帽。预制构件吊装过程中，任何一项安全检查不合格时，严禁高空作业。使用的工具和零配件等，应采取防滑落措施，并严禁上下抛掷。构件起吊后，构件和起重臂下面严禁站人。构件应匀速起吊，吊运到指定位置后使用辅助性工具安装。

安装过程中的攀登作业需要使用梯子时，梯脚底部应坚实，不得垫高使用，折梯使用时上部夹角以35°～45°为宜，并应设有可靠的拉撑装置，梯子的制作质量和材质应符合规范要求。安装过程中的悬空作业处应设置防护栏杆或其他可靠的安全措施，悬空作业所使用的索具、吊具、料具等应为经过技术鉴定或验证、验收的合格产品。

梁、板吊装前需将安全立杆和安全维护绳安装到位，为吊装时工人佩戴安全带提供连接点。吊装预制构件时，下方严禁站人和行走。在预制构件的连接、焊接、灌缝、灌浆时，距地面2m以上框架、过梁、雨篷和小平台应设操作平台，不得直接站在模板或支撑件上操作。安装梁和板时，应设置临时支撑架，临时支撑架调整时，需要两人同时进行，防止构件倾覆。

安装楼梯时，作业人员应在构件一侧，并应佩戴安全带，同时严格遵守“高挂低用”的原则。

外围防护一般采用外挂架，架体高度要高于作业面，作业层脚手板要铺设严密。架体外侧应使用密目式安全网进行封闭，安全网的材质应符合规范要求，现场使用的安全网必须是符合国家标准要求的合格产品。

在建工程的预留洞口、楼梯口、电梯井口应有防护措施，防护设施应铺设严密，符合规范要求，同时应达到定型化、工具化。电梯井内应每隔两层（不大于10m）设置一道安全平网。

通道口防护棚应严密、牢固，防护棚两侧应设置防护措施，防护棚宽度应大于通道口宽度，长度应符合规范要求。建筑物高度超过30m时，通道口防护顶棚应采用双层防护。防护棚的材质应符合规范要求。

存放辅助性工具或者零配件需要搭设物料平台时，应有相应的设计计算，并按设计要求进行搭设，支撑系统必须与建筑结构进行可靠连接，材质应符合规范及设计要求，并应在平台上设置荷载限定标牌。

预制梁、楼板及叠合受弯构件的安装需要搭设临时支撑时，所需钢管等需要悬挑式钢平台进行存放。悬挑式钢平台应有相应的设计计算，并按设计要求进行搭设，搁置点与上部拉结点必须位于建筑结构上，斜拉杆或钢丝绳应按要求两边各设置前后两道。钢平台两侧必须安装固定的防护栏杆，并应在平台上设置荷载限定标牌，钢平台台面、钢平台与建筑结构间铺板应严密、牢固。

安装管道时必须有已完结结构或操作平台作为立足点，严禁在安装中的管道上站立和行走。移动式操作平台的面积不应超过10m^2，高度不应超过5m；移动式操作平台轮子与平台连接应牢固、可靠，立柱底端距地面高度不得大于80mm；操作平台应按规范要求进行组装，铺板应严密，操作平台四周应按规范要求设置防护栏杆，并设置登高扶梯，操作平台的材质应符合规范要求。

安装门、窗，以及对门窗进行油漆或安装玻璃时，严禁操作人员站在樘子、阳台栏板上操作。门、窗临时固定，封填材料未达到强度，以及电焊时，严禁手拉门、窗进行攀登。在高处外墙安装门、窗，无外脚手架时，应张挂安全网；无安全网时，操作人员应系好安全带，其保险钩应挂在操作人员上方的可靠物件上。进行各项窗口作业时，操作人员的重心应位于室内，不得在窗台上站立，必要时应系好安全带进行操作。

学习参考

登录www.abook.cn网站，搜索本书，下载相关学习参考资料。

小 结

通过本模块的学习，了解装配整体式混凝土建筑不同结构的施工流程，重点学习预制柱、预制梁、预制墙板、叠合楼板、预制阳台、预制楼梯、模板的安装施工工艺以及钢筋套筒灌浆连接技术；掌握如何使用相应的机械将预制构配件吊装到设计指定的位置，并总结经验；能将各类预制构件就位、调整、固定，以及保障预制外挂墙板的防水和保温性能，最终达到装配整体式混凝土建筑的承载力、适用性、耐久性要求。本模块中针对装配式混凝土建筑质量检验和安全管理也进行了阐述。

实践　预制剪力墙安装VR模拟

【实践目标】

1. 熟悉装配式预制剪力墙的施工流程。
2. 掌握装配式预制剪力墙就位与调整的操作技能。
3. 培养探究能力、反应能力等综合能力。

【实践要求】

1. 复习本模块内容。
2. 了解VR模拟设备。
3. 在遵守模拟演练室规则的前提下，完成教学任务。

【实践资源】

1. VR实训室。
2. VR计算机、头盔等硬件设施。
3. 预制剪力墙安装VR软件。

【实践步骤】

1. PC+VR头戴显示设备、VR设备管理终端、VR软件平台等相关设备介绍。
2. 分3组，分别给学生分配VR头戴式虚拟设备，调整设备，进入虚拟模型中。

第一组：VR模拟演练，分步操作并体验预制剪力墙放线、钢筋校正、垫片找平过程。

第二组：VR模拟演练，分步操作并体验预制剪力墙吊装、就位过程。

第三组：VR模拟演练，分步操作并体验预制剪力墙安装斜支撑、校正、摘钩过程。

3. 各组派代表上台进行VR模拟演练并总结。

【上交成果】 1500字左右实习报告。

习 题

1. 按照装配化的程度可将装配式建筑分为半装配式建筑和（　　）两大类。

A. 全装配式建筑　　B. 装配整体式框架结构

C. 装配整体式剪力墙结构　　D. 装配整体式框架-剪力墙结构

2. 高层建筑物或受场地条件环境限制的建筑物宜采用“内控法”放线，在房屋的首层，根据坐标设置（　　）条标准轴线控制桩。

A. 1　　B. 2　　C. 3　　D. 4

3. 楼层标高点偏差不得超过（　　）mm。

A. 1　　B. 2　　C. 3　　D. 4

4. 梁底支撑采用立杆支撑+可调顶托+（　　）木方。

A. 100mm×100mm　　B. 200mm×200mm

C. 50mm×100mm　　D. 100mm×150mm

5. 吊装预制墙板根据构件形式及质量选择合适的吊具，超过（　　）个吊点的应采用加钢梁吊装。

A. 1　　B. 2　　C. 3　　D. 4

6．（　　）是指在预制混凝土构件内预埋的金属套筒中插入钢筋并灌注水泥基灌浆料而实现的钢筋连接方式。

A．间接搭接连接　　B．焊接

C．钢筋套筒灌浆连接　　D．浆锚连接

7．根据设计图纸将预埋机电管线绑扎固定，有地面管线需埋入墙板的必须严格控制其定位尺寸并固定牢固，其伸出混凝土完成面不得小于（　　）mm，并用胶带纸封闭管口。

A．10　　B．25　　C．35　　D．50

8．楼板与柱、剪力墙分开浇筑时，柱、剪力墙混凝土的浇筑高度应略（　　）叠合楼板底标高。

A．等于　　B．高于　　C．低于

9．起吊瞬间应停顿（　　）s，测试吊具与吊车之能率，并求得构件平衡性，方可开始往上加速爬升。

A．1　　B．5　　C．10　　D．15

10．预制墙板临时支撑安放在背后，通过预留孔（预埋件）与墙板连接，不宜少于（　　）道。

A．1　　B．2　　C．3　　D．4

11．关于质量检验下列描述错误的是（　　）。

A．在项目检验上包括性能检测、资料检查和观感质量评价。

B．资料检查包括材料、设备合格证、进场验收记录及复试报告、施工记录及施工试验等资料。

C．观感质量评价时，项目检查点90%及其以上达到“好”，其余检查点达到“一般”的应为一档，取100%的分值。

D．装配式混凝土建筑主控项目不包括后浇混凝土部分。

12．关于装配式混凝土建筑安全生产下列描述错误的是（　　）。

A．吊运预制构件时，构件下方严禁站人。

B．预制构件吊装前，吊装作业人员应穿防滑鞋、戴安全帽。

C．离地2m以上框架、过梁、雨篷和小平台，可以站在模板或支撑件上操作。

D．遇到雨、雪、雾天气，或者风力大于5级时，不得进行吊装作业。

模块5 装配式装修

教学PPT

价值目标

1. 树立绿色环保意识。
2. 培养精益求精的工匠精神。

知识目标

1. 理解装配式装修概念和装配式装修发展状况。
2. 掌握装配式装修各种部品的构造。
3. 掌握装配式装修各种部品的施工工艺和验收方法。

能力目标

1. 能够进行隔墙、吊顶等部品安装。
2. 能够按照说明书进行集成卫浴、集成厨房部品安装。

知识导引

装配式建筑的快速发展不仅是主体结构构件预制工业发展的结果，同时也是装饰附件和其他非主体结构附件技术快速发展的结果。本模块结合目前市场上存在的与装配式建筑相关的附属设施，对室内装饰各部品门窗、管线、装饰装修施工进行系统阐述，并对其中质量控制要点和容易产生的质量通病进行分析。

5.1 概述

装配式装修概述
（教学视频）

5.1.1 装配式装修概念及特征

1921年，现代建筑的奠基人——法国建筑大师勒·柯布西耶

（图5.1.1）在他的《走向新建筑》一书中说："如果房子也像汽车底盘一样工业化地成批生产……"这就是建筑工业化的起源。前面我们讲述了建筑主体结构的装配化，其实建筑工业化包括建筑主体结构工业化和内装工业化。本模块我们要讨论内装工业化，即装配式装修。

图5.1.1　勒·柯布西耶与装配化房屋

装配式装修是主要采用干式工法，将工厂生产的内装部品、设备管线等在现场进行组合安装的装修方式。装配式装修必须具备以下三个要素。

1．干式工法装配

干式工法不是以石膏腻子找平、砂浆找平、砂浆黏结等湿作业的找平与连接方式，而是通过锚栓、支托、结构胶黏等方式实现可靠支撑构造和连接构造。干式工法有四个方面的优点：一是彻底规避了不必要的技术间歇，缩短了装修工期；二是从源头上杜绝了湿作业带来的开裂、脱落、漏水等质量通病；三是摒弃了贴砖、刷漆等传统工艺，替代成技能相对通用化、更容易学习的装配工艺；四是有利于翻新维护，使用简单的工具即可快速实现维修，重置率高，翻新成本低。图5.1.2所示为干式工法地面。

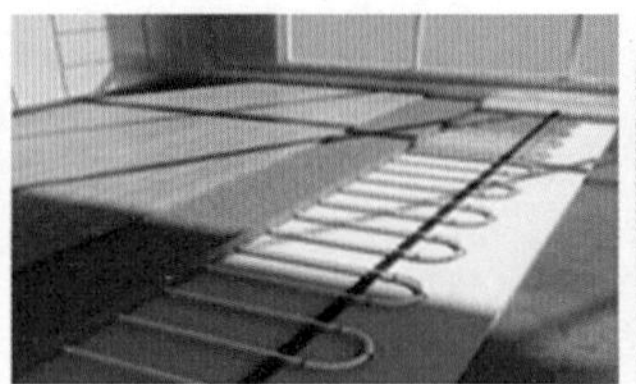

图5.1.2　干式工法地面

2．管线与结构分离

建筑结构的使用年限在70年以上，而内装部品和设备的使用寿命为10～20年，也就是说在建筑物的使用寿命期间内，最少要进行两到三次内装改修施工，这就需要把寿命短的部品变得容易更换；而现在国内的内装多将各种管线埋设于结构墙体、楼板内，当改修内装时，需要破坏墙体重新铺设管线，给楼体结构安全带来重大隐患，减少建筑本身使用寿命，同时还伴随着高噪声和大量建筑垃圾的出现。

为了提高内装的施工透明度，以及日后的设备管线日常维护检修性能，可将设备与管线设置在结构系统之外。

在装配式装修中，设备管线系统是内装的有机构成部分，填充在装配式空间六个面与支撑结构之间的空间里。管线与结构分离有三个方面的优势：一是有利于建筑主体结构的使用寿命延长，不会因为每10～20年一次的装修，对墙体结构进行剔凿与修复；二是可以降低结构拆分与管线预埋的难度，降低结构建造成本；三是可以使设备管线系统与装修成为一个完整的使用功能体系，翻新改造的成本更低。

图5.1.3为现有集合住宅、管线与结构分离的CSI体系（即将住宅的支撑体部分和填充体部分相分离的住宅体系，其中C是china的缩写，S是skeleton的缩写，I是infill的缩写）。

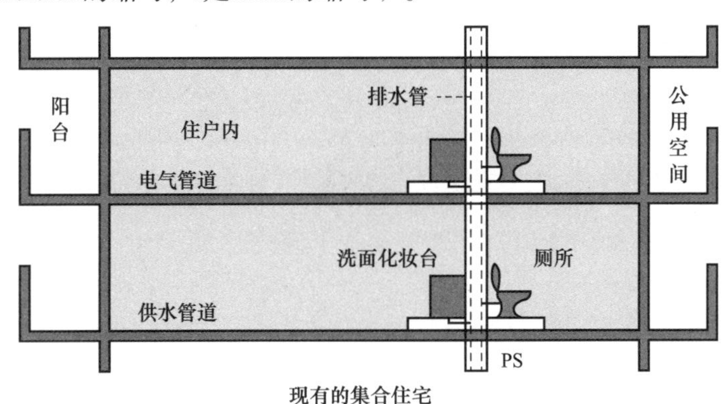

现有的集合住宅

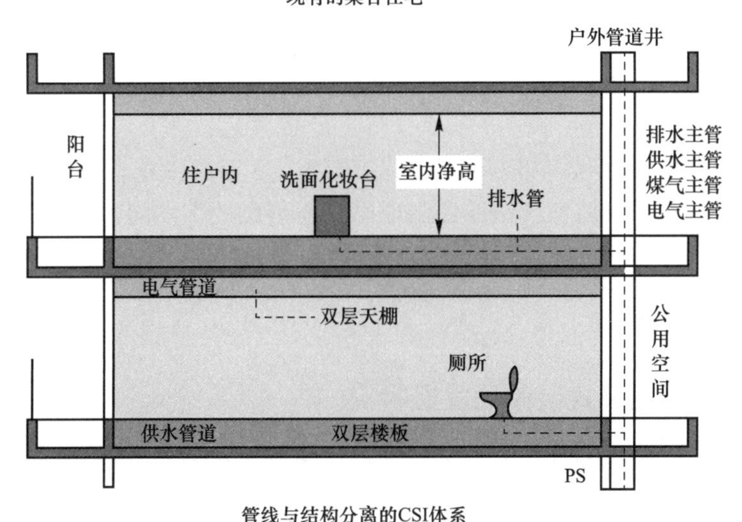

管线与结构分离的CSI体系

图5.1.3 现有集合住宅、管线与结构分离的CSI体系

3. 部品集成定制

工业化生产的方式解决了施工生产的尺寸误差和模数接口问题，并且实现了装修部品之间的系统集成和规模化，可大批量定制。部品系统集成是将多个分散的部件、材料通过特定的制造供应集成为一个有机体，性能提升的同时实现了干式工法，易于交付和装配。图5.1.4为装配式装修中的集成卫浴。

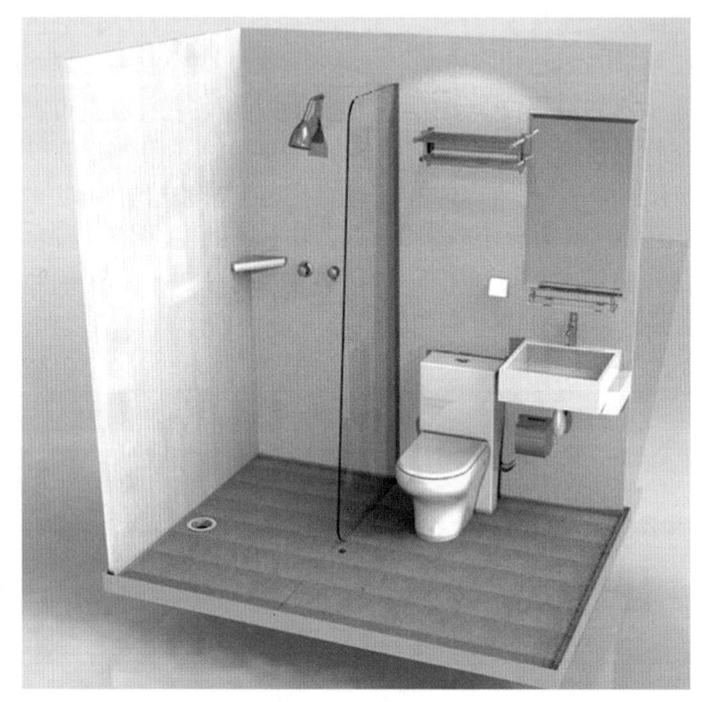

图5.1.4 集成卫浴

部品定制强调装配式装修本身就是定制化装修，通过现场放线测量、采集数据，进行容错分析与归尺处理之后，工厂按照每个装修面来生产各种标准与非标准的部品部件，从而避免施工现场再进行切割，规避二次加工。在保证制造精度与装配效率的同时，杜绝现场二次加工，有利于减少现场废材，更大程度上从源头减少了噪声、垃圾等。

5.1.2 装配式装修的发展状况

国外发达国家的住宅一般都是成品房，几乎不存在交毛坯房的问题。住宅室内装修一直作为住宅产业的组成部分，因此住宅全装修产业的发展与住宅产业化的发展是同步的。

日本在20世纪70年代，产业化方式建造的住宅占竣工住宅总数的10%左右；80年代中期，产业化方式建造的住宅占竣工住宅总数的15%～20%，住宅的质量和使用功能有了提高；到了90年代，采用产业化方式建造的住宅占竣工住宅总数的25%～28%，这时开始采用产业化方式形成住宅通用部件，其中1418类部件已取得“优良住宅部件认证”。

当前，美国住宅建设已实现产业化，市场上出售的房屋大多已实现全装修。建筑装修基本上消除了现场湿作业，同时具有较为配套的施工机具。厨房、卫生间、电器等近年来逐渐趋于组件化，便于安排技术工人安装。在美国，运送到工地的模块化住宅既完成了内外装修，也包括家用电器、涂料、地毯等，其特点是70%～85%的使用功能已经完成。此外，在现场施工方面，分包商专业化程度较高。

在法国，多层和高层集合式住宅基本上没有毛坯房，其装修特点是“轻硬装，重软装”，照明设计简单，不安装吊顶，四周用石膏线装饰，房顶及四周墙壁用乳胶漆刷白。法国人喜欢用大量软装饰将室内装扮得美轮美奂，多布艺、地毯、油画等。

北欧的全装修体系非常普及，内装风格简约独特，并且注重历史文化的保护，住宅的舒适性和功能性在全世界范围内都独树一帜。北欧住宅的室内空间布置紧凑，布局实用。房屋的布置注重物理环境方面的保温隔热、降低噪声以及绿色生态设计，秉持可持续发展的理念。

相对于发达国家，我国装配式装修发展尚处于初级阶段，技术标准还有待完善，构件设计、生产、施工、验收维护等完整的产业链将引导和规范装配式装修产业化发展。

从20世纪80年代到21世纪初期，我国装配式装修处于探索期。国内一批学者介绍引进了支撑体住宅体系，为工业化住宅室内装修提供了发展和突破的基础。90年代末期，我国相继出台了多个文件，引导和鼓励新建商品住宅一次装修到位或采用菜单式装修模式，推广全装修住房。国务院办公厅于1999年发布的《关于推进住宅产业现代化提高住宅质量的若干意见》〔国办发（1999）72号〕提出，“加强对住宅装修的管理，积极推广一次性装修或菜单式装修模式，避免二次装修造成的破坏结构、浪费和扰民等现象”。住房和城乡建设部于2002年发布《商品住宅装修一次到位实施导则》（建住房〔2002〕190号），从住宅开发、装修设计、材料和部品的选用、装修施工等多方面提出指导意见和建议。这期间以万科集团为主的国内实力企业借鉴日本的内装技术，进行了装配式装修的初步尝试。

2008～2015年是装配式装修发展的调整期，试点示范与政府倡导并行，我国着力推动SI（skeleton infill）住宅体系，基于干式工法作业的装配式装修技术不断发展。2008年，住房和城乡建设部下发《关于进一步加强住宅装饰装修管理的通知》（建质〔2008〕133号），明确要求推广全装修住房，逐步达到取消毛坯房，直接向消费者提供全装修成品房的目标。同年，住房和城乡建设部住宅产业化促进中心编制《全装修住宅逐套验收导则》，对全装修的分部分项工程明确验收标准，使开发商交付全装修住宅时有章可循。2010年住房和城乡建设部住宅产业化促进中心主持编制了《CSI住宅建设技术导则（试行）》，针对我国住宅房屋寿命短、耗能大、质量通病严重和二次装修浪费等问题，在吸收支撑体和开放建筑理论特点的基础上，借鉴日本KSI住宅体系和欧美住宅建筑发展经验，确立了一种新型的具有中国住宅产业化特色的住宅建筑体系。2013年，住房和城乡建设部颁布《住宅室内装饰装修工程质量验收规范》（JGJ/T 304—2013），解决了全装修领域有施工标准、无验收标准的难题。2015年住房和城乡建设部颁布《住宅室内装饰装修设计规范》（JGJ 367—2015），明确住宅室内装饰装修设计内容、设计深度等要求，为住宅全装修发展提供技术支撑。

实践应用方面案例：2008年，中日技术集成试点工程——雅世合金公寓项目； 2012年北京市保障房开始采用装配式装修技术，以高米店公租房、马驹桥公租房等为代表的一批保障性住房采用装配式装修；2015年7月，上海绿地南翔威廉公馆百年住宅SI内装专项施工总包项目顺利通过竣工验收。

图5.1.5为装配式装修各部件分离示意图。

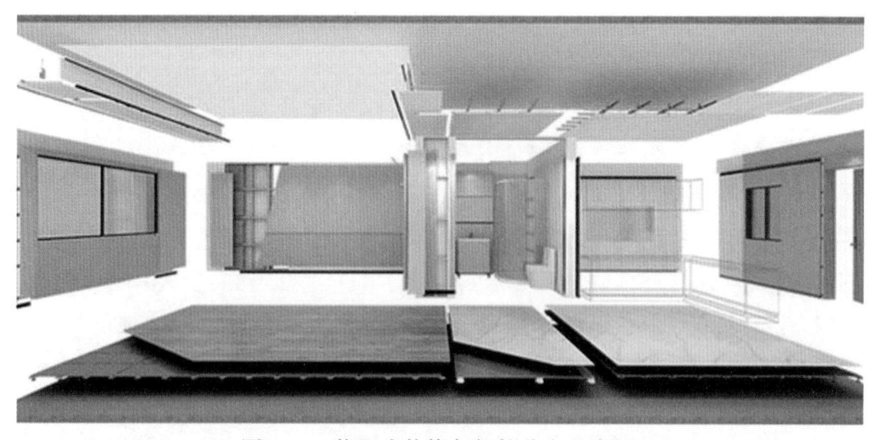

图5.1.5　装配式装修各部件分离示意图

自2016年开始，我国装配式装修进入大力发展期。2016年9月27日国务院发布的《关于大力发展装配式建筑的指导意见》明确提出，“推进建筑全装修。实行装配式建筑装饰装修与主体结构、机电设备协同施工。积极推广标准化、集成化、模块化的装修模式，促进整体厨卫、轻质隔墙等材料、产品和设备管线集成化技术的应用，提高装配式装修水平。倡导菜单式全装修，满足消费者个性化需求。”2017年1月，住房和城乡建设部发布《装配式混凝土建筑技术标准》（GB/T 51231—2016）和《装配式钢结构建筑技术标准》（GB/T 51232—2016），两个标准中对“装配式装修”的术语给出了明确定义。2018年2月起，《装配式建筑评价标准》（GB/T 51129—2017）开始实施，其中装修与设备管线评分为30分，并且明确提出“装配式建筑宜采用装配化装修”。此外，一些地方政府也在积极编制装配式装修相关的标准规范，装配式装修的发展环境正在不断优化。

5.1.3 装配式装修的优势

传统湿作业的装修方式是我国主要的装修方式，这种作业方式现场环节多、耗时久、工序流程复杂、监管难、过度依赖传统手工作业。主要弊端有以下四个方面。

（1）传统装修的质量通病多。常见的质量问题包括卫生间地面泛水、防水层空鼓开裂等。

（2）装修过程导致的隐患多。由于装修流程和工序的复杂性，更容易产生安全隐患，如火灾等。

（3）传统装修造成环境污染。传统装修造成的环境污染包括室内环境污染和装修垃圾污染等。

（4）传统装修导致的资源浪费。在我国，装修方面的资源浪费主要体现在二次装修的资源浪费。

相比传统装修，装配式装修有着巨大优势：它不仅适用于新建建筑，也适用于对既有建筑的翻新和改造；不仅适用于居住建筑，也适用于公共建筑；不仅适用于装配式混凝土结构建筑，也适用于钢结构、木结构的装配式建筑。总结起来，装配式装修具有以下几方面优势。

1. 节约原材

依托先进的装配式装修部品集成制造技术、部品工业化生产，现场无须裁切，减少了材料的浪费。以BIM技术实现建造过程的场景模拟，增强设计阶段的控制能力，也能有效地节省材料。

2. 节约工期

经验数据表明，采用全屋集成的装配式装修技术体系，可以实现

4个工人6天完成50m^2房屋装修，且装修完成即可入住，快速施工，节省工期。

3. 质量稳定

工厂批量化生产保证了部品制造过程中性能的稳定性，施工过程中采用干式工法，避免了传统湿作业带来的质量通病，保证了装修质量。

4. 效率提高

装配式装修简化了传统装修现场的往复工序，将传统手工作业升级为工厂化生产部品部件、现场装配，工艺和流程标准化，极大地提高了施工效率。

5. 绿色环保

装配式装修在材料选择上突出防水、防火、耐久性和可重复利用的特点，作业环境干净、整洁、无污染，施工过程无噪声，装修效果节能环保。

6. 维修便利

装配式装修将内装与管线分离，装修部品部件标准化生产，工厂备有常用标准部件，更换便利，且在装修管线布置环节充分考虑了维修的方便性。

7. 灵活拆改

装配式装修将内装与结构分离，适应不同居住人群和不同家庭组成对建筑空间需求的变化，室内空间可以多次灵活调整，不破坏主体结构，保障建筑使用寿命。

8. 过程透明

采用装配式装修，部品集中在工厂制作，可进行质量监督管理，现场操作环节简单，全过程利于管控，规避了传统装修依赖工人的风险。

9. 经济指标合理

综合来看，装配式装修的经济指标并不高于传统装修。装配式装修的费用节约体现在用工人数减少、用工时间下降、安装难度降低，整体节约工费约60%，部品工厂生产使原材料节省量达到20%。例如，北京地区装配式装修公租房项目内装费用约为1000元/m²，这其中，减少了传统人工成本以及缩短工时节省的资金用于购置更好的原材料，保证装配式装修品质，因此单从经济指标来看并不高于传统装修费用。

5.1.4 部品、部件、配件和材料

一般来说，材料是最基础的，材料做成配件，配件组成部件，部件构成部品。

部品是指将多种配套的部件或复合产品以工业化技术集成的功能单元，如集成式卫生间是一个规模大、功能全、性能要求高的部品。部件是指具备独立的使用功能，满足特定需求的组装成部品的单一产品，如支撑架空模块的地面PVC调整脚。配件是匹配部件的不能再拆分的最小单位功能体，如安装在地面PVC调整脚底部的橡胶减震垫。若干个配件组合成为某一部件，若干个部件组合而成某一部品。

装配式建筑由结构系统、外围护系统、内装系统、设备与管线系统构成，并且四个系统进行一体化设计建造。其中，内装系统、设备与管线系统又分别由若干部品组成。在装配式装修中，内装系统分为集成地面系统、集成墙面系统、集成吊顶系统、生态门窗系统、快装给水系统、薄法排水系统、集成卫浴系统、集成厨房系统（图5.1.6）；设备与管线系统分为集成给水系统、薄法同层排水系统、集成采暖系统等。

图5.1.6 装配式装修内装系统

部品是通过工业化制造技术，将传统的装修主材、辅料和零配件等进行集成制造而成的，是在装修材料基础上的深度集成与装配工艺的升华。将以往单一的、分散的装修材料，以工业化手段，融合、混合、结合、复合成的集成化、模数化、标准化的模块构造，以满足施工干式工法、快速支撑、快速连接、快速拼装的要求。

在装配式建造的大趋势下，部品制造要优于种类多、装修作业工序复杂的传统装修材料，部品制造不再完全依靠安装人员技术水平，非职业工种人员参照装配工艺手册，使用简单的工具也可组合安装完成。例如，石膏、腻子、壁纸、胶等都是现场湿作业必需的传统装修材料，在工厂中预先加工成模块化的带有壁纸饰面的墙板，运输至装修现场以后，可以快速拼装，使得现场没有裁切；减少了刮腻子、打磨等基层找平；减少了手工现场裱糊壁纸，从而使装修绿色环保、质量有保证，不

会因为裱糊工手艺差异呈现不同的装修结果。这种将找平、支撑、饰面集于一体的集成墙板就是一个装修部品。无论部品的内涵，还是部品的组合功能，都比单一而分散的石膏、腻子、壁纸、胶等材料要效果好。

部品要具备符合构造安全、经济耐用和可持续发展的要求，根据使用场景的不同需具有相应的防火、防水、耐久、环保、重复利用等特性，同时要实现装配、维修过程中免开凿、免开孔、免裁切、安装快、可拆卸、宜运输等要求。装配式装修正是基于装修部品的这些特点实现的，是装修产业在供给侧的创新，推进施工现场的工业化思维及其全体系解决方案，将工厂化的服务延伸至装配现场，将现场视为移动工厂的总装车间进行可控管理。

5.2 隔墙部品施工

装配式隔墙的核心在于快速进行室内空间分隔施工，快速搭建、交付使用。装配式隔墙部品主要由组合支撑部件、连接部件、填充部件、预加固部件等构成，要求具有高强、轻质、防火、隔音、耐久等特性。下面介绍几种常见的隔墙类型。

5.2.1 骨架式隔墙施工

轻质隔墙部品安装（教学视频）

骨架式隔墙也称龙骨隔墙，在装配式建筑中，骨架式隔墙主要由钢材构成骨架，在其两侧做面层。面层材料通常用纤维板、纸面石膏板、胶合板、钙塑板、塑铝板、纤维水泥板等轻质薄板。具体施工流程如下：

1. 弹线

按施工图要求在楼板（梁）底部和楼地面上弹出板材隔墙位置边线。

2. 龙骨安装

沿弹线位置固定沿顶、沿地龙骨、边框龙骨，龙骨的边线应与弹线重合。龙骨的端部应固定牢固，固定点间距应不大于1m，固定方式如图5.2.1所示。边框龙骨与基体之间，应按设计要求安装密封条。

对于半高矮隔断墙来说，主要靠地面固定和端头的建筑墙面固定。如果矮隔断墙的端头处无法与墙面固定，常用铁件来加固端头处，加固部分主要是地面与竖向木方之间，如图5.2.2所示。对于各种木隔墙的门框竖向木方，均应采用铁件加固法，其木隔墙门框木方的固定如图5.2.3所示。

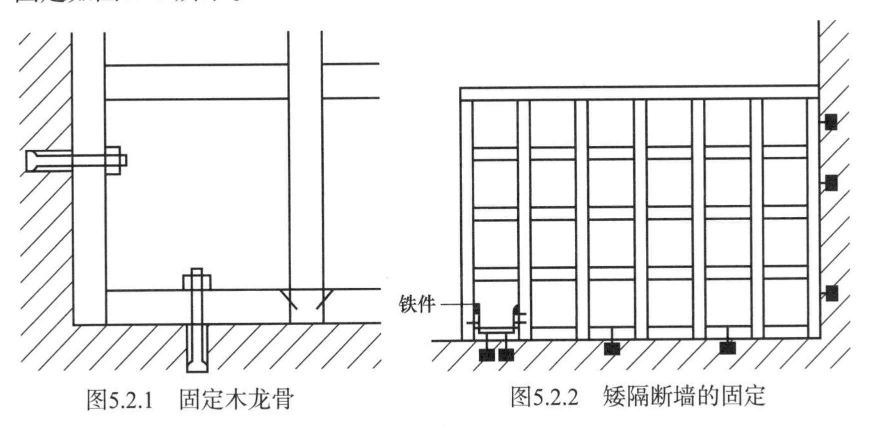

图5.2.1 固定木龙骨　　图5.2.2 矮隔断墙的固定

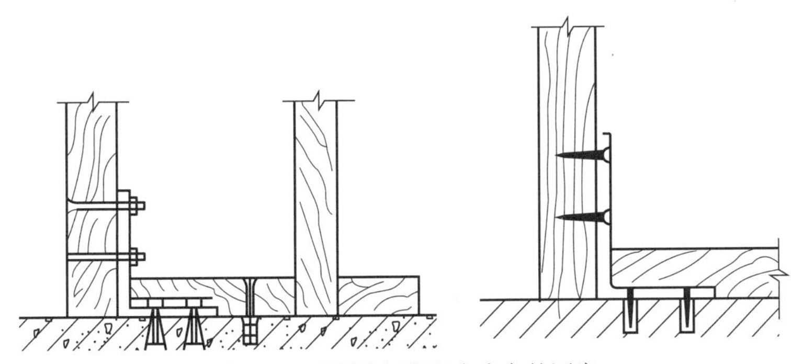

图5.2.3 木隔墙门框竖向木方的固定

3. 胶合板安装

安装胶合板的基体表面，采用油毡、油纸防潮时，应铺设平整，搭接严密，不得有褶皱、裂缝和透孔等现象。胶合板如用钉子固定，钉距为80～150mm，钉帽打扁并进入板面0.5～1mm，钉眼用油性腻子抹平。胶合板面如涂刷清漆时，相邻板面的木纹和颜色应近似。

4. 设备、电气安装

在双层板上设置壁橱、阁楼的搁板，安装水箱、暖气片、暖气立管卡子、炉片等，应在固定位置的板内增设龙骨。墙体两面设置开关、插座时，洞口应相互错开，以免钻通墙体，影响防火和隔声效果。内设上水管时，应在管子外部缠包保温材料，并做隔气层。

5. 板面处理

胶合板和纤维板墙面板一般用木压条、金属压条或塑料压条压在缝隙处做压缝条。

6. 质量要求

骨架式隔墙罩面板安装的允许偏差和检验方法应符合表5.2.1的规定。

表5.2.1 骨架式隔墙罩面板安装的允许偏差和检验方法

项次	项目	允许偏差/mm		检验方法
		纸面石膏板	人造木板、纤维增强水泥建筑平板	
1	立面垂直度	3	4	用2m垂直检测尺检查
2	表面平整度	3	3	用2m靠尺和塞尺检查
3	阴阳角方正	3	3	用直角检测尺检查
4	接缝直线度	—	3	拉5m线，不足5m拉通线，用钢直尺检查
5	压条直线度	—	3	拉5m线，不足5m拉通线，用钢直尺检查
6	接缝高低差	1	1	用钢直尺和塞尺检查

5.2.2 活动式隔墙施工

活动式隔墙在装配式建筑中可以把空间切割成不同的活动区域，使空间更加灵活多变，在很大程度上增加了室内空间的活力。活动式隔墙是常用的轻质隔墙之一，这里主要介绍悬吊导向式移动隔墙（图5.2.4）。

图5.2.4 悬吊导向式移动隔墙

悬吊导向式移动隔墙是在隔板的顶面安设滑轮，并与上部悬吊的轨道相连，如此构成整个上部支撑点，在板的下部不需要设置导向轨，仅对隔板与楼地面之间的缝隙采用适当的方法予以遮盖。

1. 施工准备

活动隔墙板、配件等材料的品种、规格、性能应符合设计要求。有燃烧性能、防潮等特性要求的工程，材料应有相应性能等级的检测报告。活动隔墙宜在工厂加工制作，其制作方法、组合方式应符合设计要求。轨道的型式、规格、安装方式应遵循设计要求，轨道应在同一水平标高上。隔墙上轨道应根据隔断重量选择轨道埋件和连接件的种类、规格、位置和数量。隔墙下轨道面应与活动隔墙底部地面齐平，下轨道固定不松动。活动隔墙上的孔洞、槽、盒等应位置正确、套割吻合、边缘整齐。

2. 施工方法

（1）木隔墙扇制作：木隔墙扇一般由工厂按设计施工图加工制作，其制作工艺与木门相同。制作扇数及尺寸，由工厂派人到现场测量确定。为防止木隔墙扇干裂、变形，加工好的隔扇应刷一道封闭底漆。

（2）弹隔墙定位线：根据设计图先在房间的地面上弹出活动隔墙的位置线，随即把位置线引至两侧结构墙面和楼板底。弹线时，先弹出中心线，后接立筋或上槛料截面尺寸，再弹出边线，弹线应清晰，位置应准确。

（3）安装导轨：按吊杆设计间距从上槛槽钢上钻吊轨螺栓孔。导轨（一般采用轻钢成品）调直、调平后，按设计间距在导轨上焊接吊轨螺栓。其吊杆中心位置，应与上槛钻孔位置上下对应，不得错位。

（4）安装回转螺轴、隔墙扇：吊轮由导轨、包橡胶轴承轮、回转螺轴、门吊铁组成。门吊铁用木螺丝钉固在活动隔墙扇的门上梃顶面上。

（5）隔墙扇饰面：当隔墙扇的芯板在工厂尚未安装时，此项工序应由工厂按设计图在现场完成。活动隔墙扇安装后的油漆也可在现场完成。

3. 质量要求

活动式隔墙安装的允许偏差和检验方法应符合表5.2.2规定。

表5.2.2 活动式隔墙安装的允许偏差和检验方法

项次	项目	允许偏差/mm	检验方法
1	立面垂直度	3	用2m垂直检测尺检查
2	表面平整度	2	用2m靠尺和塞尺检查
3	接缝直线度	3	拉5m线，不足5m拉通线，用钢直尺检查
4	接缝高低差	2	用钢直尺和塞尺检查
5	接缝宽度	2	用钢直尺检查

5.2.3 玻璃隔墙施工

装配式建筑中，玻璃隔墙是一种可通到顶棚并能完全划分空间的隔断。专业型的高隔断间，不仅能实现传统的空间分隔功能，而且具有采光、隔音、防火、环保、易安装、可重复利用、可批量生产等特点。常用的玻璃隔墙一般分为无竖框式玻璃隔墙和有竖框式玻璃隔墙（图5.2.5），这里主要介绍无竖框式玻璃隔墙施工，具体施工流程如下。

图5.2.5　有框式玻璃隔墙

1．弹线

弹线时注意检查已做好的预埋铁件位置是否正确（如果没有预埋铁件，则应划出金属膨胀螺栓位置）。

2．安装固定玻璃的型钢边框

如果没有预埋铁件，或预埋铁件位置已不符合要求，则首先应设置金属膨胀螺栓，然后将型钢（角钢或薄壁槽钢）按已弹好的位置线安放好，在检查无误后随即与预埋铁件或金属膨胀螺栓焊牢。

3．安装大玻璃

首先将玻璃就位；然后将安装好的边框槽口清理干净，槽口内不得有杂物或积水，并垫好防振橡胶垫块；再用2～3个玻璃吸器将厚玻璃吸牢，由2～3人手握吸盘，同时抬起玻璃，将玻璃竖着插入上框槽口内，然后轻轻垂直下落，放入下框槽口内。如果是吊挂式安装，在将玻璃送入上框时，还应将玻璃放入夹具中。

4．嵌缝打胶

玻璃全部就位后，校正平整度、垂直度，同时用聚苯乙烯泡沫嵌条嵌入槽口内使玻璃与金属槽接合平整、紧密，然后打硅酮结构胶。

5. 边框装饰

一般无框玻璃墙的边框嵌入墙、柱面和地面的饰面层中，此时需要精细加工墙、柱面或地面的饰面层，用9mm胶合板做衬板，用不锈钢等金属饰面材料做成所需的形状，并用胶粘贴于衬板上，而得到表面整齐、光洁的边框。

6. 清洁及成品保护

无竖框玻璃隔墙安装好后，用棉纱和清洁剂清洁玻璃表面的胶迹和污痕，然后用粘贴不干胶条等方法做出醒目标示，以防止碰撞玻璃的意外发生。

5.3 装配式吊顶部品施工

5.3.1 吊顶部品构成

吊顶是住宅装修的一个重要组成部分，由于用户审美习惯和消费心理因素，尚不能广泛应用A级耐火等级、快速安装且没有拼缝的模块化部品，没有拼缝就意味着不能完全工厂化、集成化、模块化，因而目前居室顶面最常用的方式还是涂刷乳胶漆。但在厨卫空间，有各种成熟体系的装配式吊顶解决方案。这里主要介绍吊顶部品构成中的自饰面板和连接部件。

（1）自饰面板。自饰面硅酸钙复合顶板可以根据使用要求，进行不同的饰面复合技术处理，表达出壁纸、布纹、石纹、木纹、皮纹、砖纹等各种质感和肌理的饰面，硅酸钙复合顶板（图5.3.1）通常厚度为5mm，宽度为600mm，长度可根据空间定制。在顶板上，可根据设备配置需要，预留换气扇、浴霸、排烟管、内嵌式灯具等各种开口。

图5.3.1　硅酸盐复合顶板

（2）连接部件。当墙面是硅酸钙复合墙板时，在跨度低于1800mm的空间安装硅酸钙复合顶板，可以免去吊杆吊件，通过“几”字形铝型材搭设在硅酸钙复合墙板上，利用墙板作为支撑构造；硅酸钙复合顶板之间沿着长度方向，用“上”字形铝型材固定。

5.3.2 吊顶部品安装

装配式吊顶部品安装（教学视频）

1. 准备工作

熟悉施工图纸与现场，做好技术、环境、安全交底。施工工具包括卷尺、铅笔、三级配电箱、切45°角锯、人字梯、平板锉、手套等。

2. 龙骨安装

主、覆面龙骨需加长时，应采用配套接长件接长，主龙骨宜平行于房间纵深方向安装，安装后应及时校正其位置标高，轻钢T形龙骨安装应符合下列规定：

（1）以轻钢T形龙骨作为主龙骨时，端吊点距主龙骨顶端不应大于150mm。

（2）轻钢T形龙骨吊顶在灯具和风口位置的周边应加设T形加强龙骨。

龙骨安装质量应符合下列规定：

（1）吊杆、龙骨的材质、规格、安装间距及连接方式应符合设计要求，金属吊杆、龙骨表面应进行防腐处理，木吊杆、龙骨应进行防腐、防火和防蛀处理。

（2）金属吊杆、龙骨的接缝应均匀一致，角缝应吻合。表面应平整，无翘曲、锤印；木质吊杆、龙骨应顺直，无劈裂、变形；吊杆、龙骨安装应牢固。

（3）明、暗龙骨安装允许偏差和检验方法应符合表5.3.1、表5.3.2的规定。

表5.3.1 明龙骨吊顶安装允许偏差和检验方法

项次	项目	允许偏差/mm	检验方法
1	龙骨间距	2	用钢直尺检查
2	龙骨平直	2	拉线、2m靠尺或塞尺检查
3	龙骨搭接间隙	1	用钢直尺检查
4	龙骨四周水平	3	用尺量或水准仪检查

表5.3.2　暗龙骨吊顶安装允许偏差和检验方法

项次	项目	允许偏差/mm	检验方法
1	龙骨间距	3	用钢直尺
2	龙骨平直	3	拉线、2m靠尺或塞尺
3	龙骨四周水平	3	用尺量或水准仪

3. 金属板吊顶安装

以金属铝为原料制成的铝扣板在室内装饰中使用越来越多。铝扣板用轻质铝板一次冲压成型，外层再用特种工艺喷涂漆料，即使长期使用也不褪色，而且施工方便，不易变形，安装后也不会出现弯曲或中间下坠的情形，能够保证吊顶的平整性。吊顶与四周墙面空隙处，应设置金属压缝条与吊顶找齐，金属压缝条材质宜与金属板材质相同。边长大于600mm的金属面板应设置加强肋。金属条板宜从一侧墙边开始向另一侧逐条安装，条板安装完成后撕掉保护膜，清理表面，做好成品保护。

金属板吊顶安装各流程要点如下。

（1）弹线定位：弹线定出标高线，弹标高线的基准一般应以室内地平线为准，吊顶标高线可以弹在四周墙面或是柱面上。

（2）龙骨布置分格定位线：两龙骨中心线的间距尺寸通常大于饰面板尺寸2mm左右，安装时控制龙骨的间隔需要用模规，模规要求两端平整，尺寸精准。与要求一致的龙骨标准分格尺寸确定后，再根据吊顶面积确定分格位置，尽量保证龙骨分格的均匀性和完整性，以保证吊顶有规则的装饰效果。

（3）固定吊杆：轻钢龙骨吊顶较轻，吊杆的间距通常为900～1500mm，其间距大小取决于载荷，连接件连接详见图5.3.2和图5.3.3。

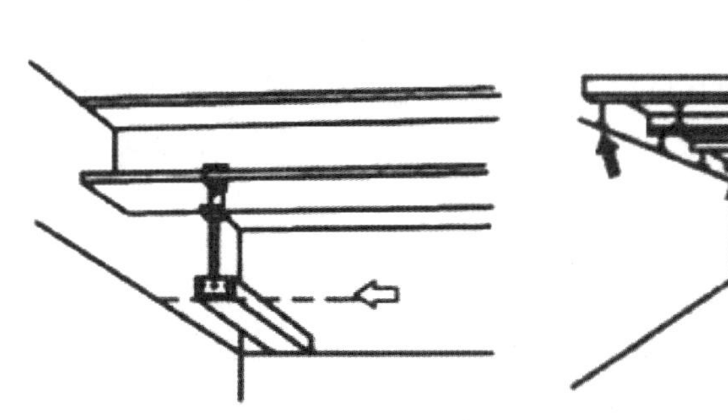

图5.3.2　龙骨及连接件

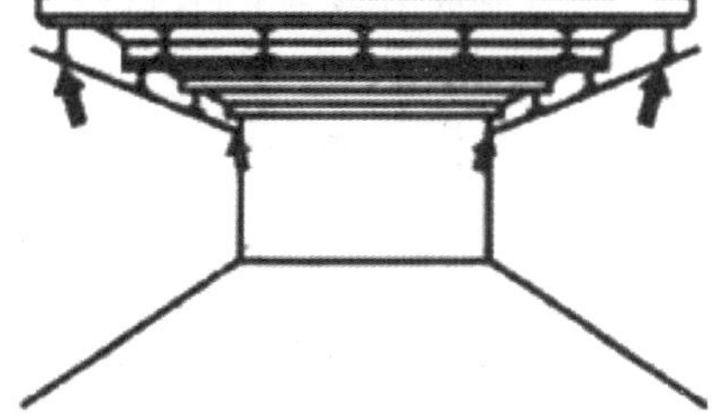

图5.3.3　四角连接件

（4）安装吊筋：先确定吊筋的位置，再在结构层上钻孔安装膨胀螺栓。上人龙骨的吊筋采用直径为6mm的钢筋，间距为900～1200mm；不上人龙骨宜采用直径为4mm的钢筋，间距为1000～

1500mm。吊筋和顶棚结构层的连接方法如图5.3.4所示。吊筋必须刷防火涂料。

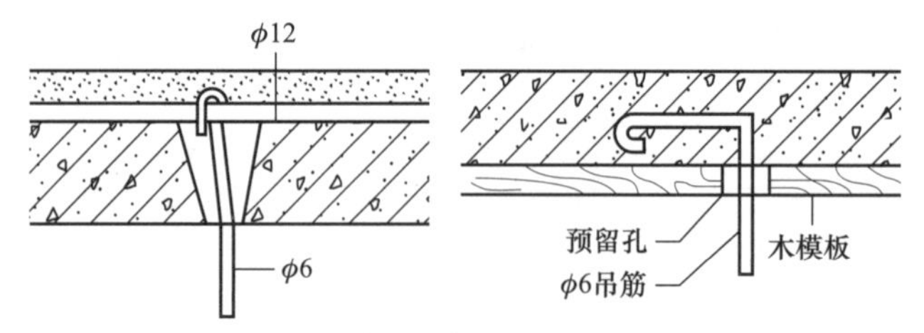

图5.3.4　吊筋和顶棚结构层的连接方法

（5）安装龙骨：在主龙骨的上部开出半槽，在次龙骨的下部开出半槽，并在主龙骨的半槽两侧各打出一个直径为3mm的孔，如图5.3.5所示。安装时将主、次龙骨的半槽卡接起来，然后用22号细铁丝穿过主龙骨上的小孔，将次龙骨扎紧在主龙骨上，注意龙骨上的开槽间隙、尺寸必须与骨架分格尺寸一致，如图5.3.6所示。

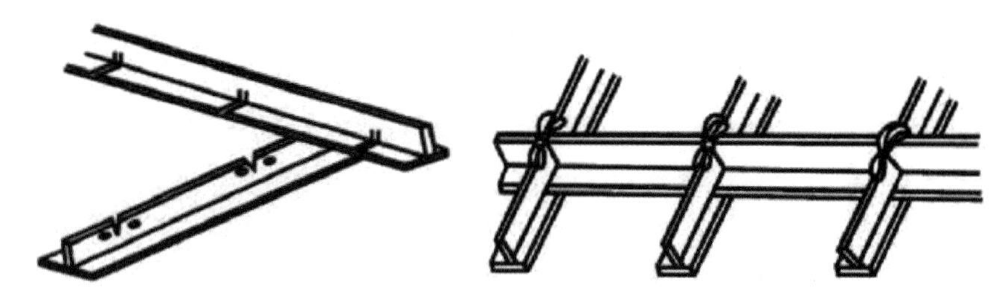

图5.3.5　主、次龙骨开槽方法　　　图5.3.6　龙骨安装方法

（6）金属装饰板安装：

金属装饰板安装有两种方法：第一种方法是用自攻螺钉将装饰面板固定在龙骨上，但是自攻螺钉必须是平头螺钉；第二种方法是装饰面板呈企口暗缝形式，将龙骨的两条肢插入暗缝内，靠两条肢将饰面板托挂住。

卡入式金属方板吊顶的边向上，形同有缺口的盒子形式，通常边上轧出凸出的卡口，卡入有夹簧的龙骨中，如图5.3.7所示。吸声的金属方板可以打孔，上面衬纸再放置矿棉或者玻璃棉的吸声垫，形成吸声顶棚。

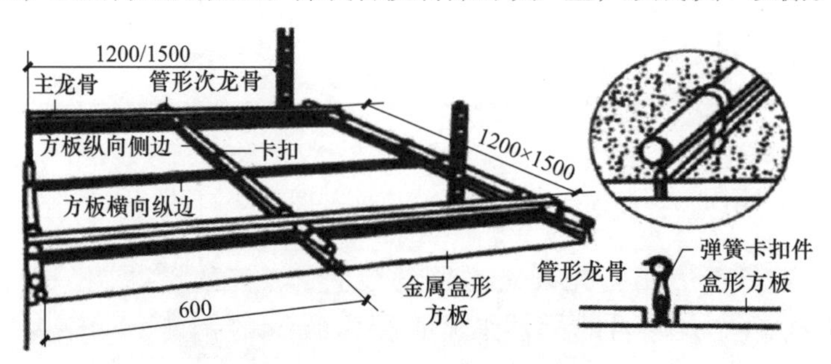

图5.3.7　卡入式金属方板吊顶

4. 纸面石膏板吊顶

常见的石膏板有普通纸面石膏板、石膏装饰板，此外还有空心石膏板、石膏吸声板、纤维石膏板、特定石膏板等。其中，纸面石膏板以石膏为核心，两面用纸作面合成。普通纸面石膏板用于内墙、隔墙和吊顶（图5.3.8）。经过防火处理的耐水纸面石膏板可用于湿度较大的房间墙面，如卫生间、厨房、浴室等贴瓷砖、金属板、塑料面砖墙的衬板。这里以纸面石膏板施工方法为例进行讲述。

图5.3.8 纸面石膏板吊顶

（1）纸面石膏板安装要点如下：

① 弹线分块：吊顶连续长度超过10m时，每10m距高处应做伸缩缝处理。安装前应弹线分块，安装时四周宜留缝，板与四周墙边留缝5mm，板边间距5～8mm。

② 固定石膏板：石膏板与轻钢龙骨连接应采用自攻螺钉垂直一次拧入固定，不应先钻孔后固定。自攻螺钉沉入板面后应进行防锈处理并用石膏腻子刮平。

③ 接缝处理：石膏板的接缝应进行板缝防裂处理，安装双层石膏板时，面层板与基层板的接缝应错开，并不应在同一根龙骨上接缝；吊顶转角处纸面石膏板转角应采用L形连接，单边长度不少于250mm；框架与板边不得同缝连接，与梁底吊平的两边应采用石膏板连接。

（2）石膏板的嵌缝处理应符合下列规定：

① 板间缝隙应先用嵌缝膏填充，应选用石膏腻子或与石膏板相互粘贴配套的嵌缝膏。嵌缝处理应在板全部安装完成24h后进行。填充嵌缝膏时应分两次进行，第一次填缝时应用力将嵌缝膏压进拼缝里并压实，待第一次嵌缝膏干硬后再补第二次嵌缝膏并刮平。

② 遇切割边接缝时，每道嵌缝膏的覆盖宽度应放宽10mm，最后一道嵌缝膏凝固干燥后，应用砂纸轻轻打磨，使其同板面平整一致，石膏板吊顶应无裂缝。

（3）纸面石膏板吊顶的安装允许偏差及检验方法应符合表5.3.3的规定。

表5.3.3 纸面石膏板吊顶安装的允许偏差和检验方法

项次	项目	允许偏差/mm	检验方法
1	表面平整度	3	用2m靠尺和塞尺检查
2	接缝直线度	3	拉5m线，不足5m拉通线，用钢直尺检查
3	接缝高低差	1	用钢直尺和塞尺检查

5．玻璃吊顶

玻璃因其色彩丰富、装饰效果好，越来越多地应用于吊顶装修中。玻璃吊顶中，使用玻璃材质对其厚度有一定的限制，因为玻璃自重大，为安全起见，吊顶玻璃厚度一般控制在5～8mm。具体施工要点如下。

（1）弹吊顶水平标高线、划龙骨分档线：根据楼层标高水平线，沿墙柱四周弹顶棚标高水平线。按吊顶平面图，在混凝土顶板弹出主龙骨的位置。主龙骨一般从吊顶的中心位置向两边分，最大间距为1000mm，并标出吊杆的固定点，吊杆的固定点间距为900～1000mm。当遇到梁和管道固定点大于设计和规程要求时，应增加吊杆的固定点。

（2）安装吊杆：采用膨胀螺栓固定吊杆。吊杆的直径按设计要求选择，无设计要求也可以视情况采用$\phi6$～$\phi8$的吊杆，如果吊杆长度大于1400mm，应设置反向支撑。

（3）主龙骨安装：主龙骨应吊挂在吊杆上，主龙骨间距为900～1000mm。主龙骨分不上人UC38小龙骨、上人UC60大龙骨两种。主龙骨一般宜平行房间长向安装，同时应起拱，起拱高度为房间短向跨度的1/300～1/200。主龙骨的悬臂段不应大于300mm，否则应增加吊杆。

（4）防腐、防火处理：安装玻璃板前，顶棚内所有明露的铁件焊接处必须刷好防锈漆。木骨架与结构接触面应进行防腐处理，龙骨无须黏胶处理，需刷防火涂料2～3遍。

（5）安装基层板：轻钢龙骨安装完成并验收合格后，按基层板规格、拼缝间隙弹出分块线，然后从顶棚中间沿次龙骨的安装方向先装一行基层板作为基准，再向两侧展开安装。基层板应按设计要求选用，设计无要求时，宜用7mm厚胶合板。

（6）安装玻璃板：面层玻璃应按设计要求的规格和型号选用。一般采用3mm+3mm厚镜面夹胶玻璃或钢化镀膜玻璃。先按玻璃板的规格在基层板上弹出分块线，线必须准确无误，不得歪斜、错位；再用结构胶将玻璃粘贴固定，最后用不锈钢装饰螺钉在玻璃四周固定。

（7）质量标准：玻璃的品种、规格、色彩、图案、固定方法等必须符合设计要求和国家规范、标准的规定。密封膏的耐候性、黏结性必须符合现行国家相关标准规定。

玻璃吊顶工程允许偏差及检验方法应符合表5.3.4的规定。

表5.3.4　玻璃吊顶工程允许偏差及检验方法

项次	项类	项目	允许偏差/mm	检验方法
1	龙骨	龙骨间距	2	尺量检查
2		龙骨平直	2	尺量检查
3		龙骨四周水平	3	尺量或水准仪检查
4	罩面板	表面平整	1.5	用2m靠尺检查
5		接缝平直	3.0	拉5m线检查
6		接缝高低	1.0	用直尺或塞尺检查

5.4 装配式架空地面部品施工

架空地面也被称为架空防静电地面（图5.4.1），架空地面是一种具有较好耗散型的防静电地板。架空地面主要是利用架空地板的特殊材料结构，通过对地板上电荷的不同程度的耗散，从而达到防静电的作用。架空地面主要采用面板、横梁、支架等拼接而成。

图5.4.1　架空地面

装配式架空地面部品安装（教学视频）

5.4.1　部品构成

装配式装修楼地面的构造做法是在规避抹灰湿作业的前提下，实现地板下部空间的管线敷设、支撑、找平、地面装饰。架空地面的种类主要是通过贴面材料和基材的不同进行划分，架空地面的基材主要有硫酸钙、刨花板、复合基、铝基、钢基等，而架空地面的贴面材料采用的是三聚氰胺板、PVC板、防静电瓷砖等。另外，还有防静电网络地板、防静电塑料地板等。

图5.4.2　地面调整脚

装配式架空地面部品主要由型钢架空地面模块、地面调整脚（图5.4.2）、自饰面硅酸钙复合地板和连接扣件构成。

1．组合支撑部件

型钢架空地面模块是以型钢与高密度硅酸钙板基层为基础定制加工的模块，根据空间厚度需要，可以定制高度为20mm、30mm、40mm系列的模块，标准模块宽度为300mm或400mm，长度根据需求定制。支撑地面PVC调整脚是将模块架空起来，形成管线穿过的空腔。调整脚根据所处的位置，分为短边调整脚和斜边调整脚，斜边调整脚在模块靠近墙边时使用。调整脚底部配有橡胶垫，起到减震和防侧滑功能。

2．自饰面板

自饰面硅酸钙复合地板可应用于不同的房间，可以选择石纹、木纹、砖纹、拼花等各种质感和肌理的饰面，也可以根据客户需要定制深浅颜色、凹凸触感、光泽度。硅酸钙复合地板厚度通常为10mm，宽度通常为200mm、400mm、600mm，长度通常为1200mm、2400mm，也可以根据优化房间尺寸定制。

3．连接扣件

连接扣件将一个个分散的模块横向连接起来，保持整体稳定。连接扣件与PVC调整脚使用米字头纤维螺钉连接，地脚螺栓调平对0～50mm楼面偏差有强适应性。边角用聚氨酯泡沫填充剂补强加固。地板之间采用工字形铝型材暗连接。

5.4.2 主要特点

装配式架空地面部品在材质上具有承载力大、耐久性长、整体性好的特点；在构造上能大幅度减轻楼板荷载、支撑结构牢固耐久且平整度高、易于回收；在施工上易于运输、易于调平、可逆装配、快速装配；在使用上具有易于翻新、可扩展性、灵活等特点。

架空地面系统地脚支撑的架空层内布置水电线管，集成化程度高。自饰面硅酸钙复合地板在材质上具有大板块、防水、防火、耐磨、耐久的特点；在加工制造上易于进行表面复合技术处理，饰面仿真效果强，密拼效果好于地砖，可媲美天然石材；在施工上完全采用干式工法，装配效率高；在使用上具有可逆装配、防污耐磨、易于打理、易于保养、易于翻新等特点。

5.4.3　施工前准备

架空地面施工必须在吊顶湿作业、隔墙竖龙骨安装、地面水电管安装、排水安装等完成情况下才能实施，同时要做好以下三个方面准备工作。

1. 技术准备

技术准备包括熟悉施工图纸与现场，做好技术、环境、安全交底。

2. 材料准备

（1）标准模块：主要由支撑镀锌钢板架空部件、高密度硅钙板保护部件以及相应的地脚扣件等配套部件组成。模块定宽400mm，长度可根据设计图纸和订货清单定制。

（2）非标准块：长度、宽度均可为非标准。运至现场的非标准块，保护板已经固定好。

（3）模块专用调整地脚分平地脚（中间部位用）和斜边地脚（边模块用）两种，并匹配调节螺栓（50mm、70mm、100mm、120mm四种规格）使用，每个调整螺栓底部均设置橡胶垫。橡胶垫具有防滑和隔声功能，安装时不能遗失。

（4）连接件扣件及螺钉（ϕ4mm×ϕ16mm）。

（5）安装辅料：安装时需匹配发泡胶、布基胶带、米字头纤维固定螺钉等。

（6）地板：采用10mm厚复合地板部品，其饰面层用UV漆涂装。板材侧面开槽以满足工字形铝型材密拼插接使用。标准板宽600mm，长度可根据设计图纸定制。

（7）工字形铝型材：应有产品质量合格证，外观应表面平整，棱角挺直，过渡角及切边不允许有裂口和毛刺，表面不得有严重的污染、腐蚀和机械损伤。

（8）踢脚线：采用木塑材质，应有产品质量合格证，外观应表面平整，切边不允许有裂口和毛刺，表面不得有严重的污染、腐蚀和机械损伤。

3. 施工工具准备

三级配电箱、角磨机（金属切割片、石材切割片）、ϕ25mm开孔器、充电手枪钻、胶（结构胶）枪、卷尺、中号记号笔、美工刀等。

5.4.4 施工流程

装配式架空地面安装施工流程如下：

清理工作面→标记水平高度→整理架空模块→装配架空模块→架空模块精调→孔缝封堵→按图纸复核地板编码→地板预排→铺设地板→安装踢脚板→清理。

（1）清理工作面（图5.4.3），对将要施工的工作面进行清理，不堆放与施工无关的材料和物品，并对土建施工楼板和室内地面进行清理，建议用吸尘器除尘。

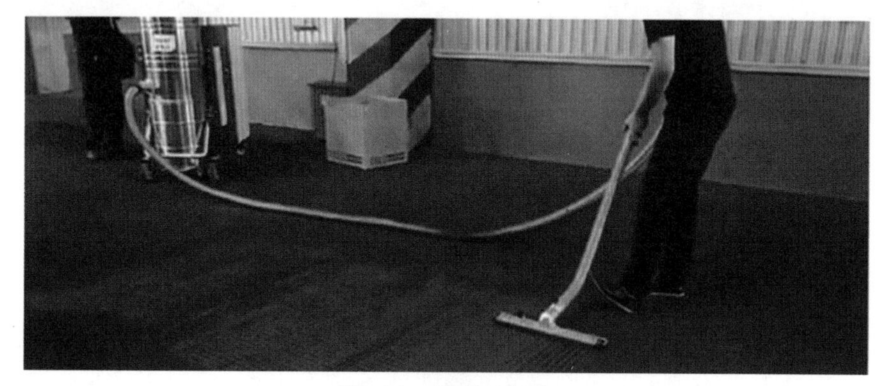

图5.4.3 清理工作面

（2）用红外线水平仪对水平高度进行标注，减去地板等地面铺设高度后确认模块施工完成面的高度（现场勘测时应对地面平整度和完成面高度等数据进行采集）。

（3）按图纸分区域和编号顺序整理好架空模块（图5.4.4），铺设时应按图纸要求顺序进行铺设。

（4）将边模块（型钢架空模块）安装好地脚调整螺栓后，从边部开始铺设模块（图5.4.5），支撑另一边时先调好模块两端和中间3个地脚螺栓。其他地脚螺栓参照执行，整体托起模块。此时调整应略低于预弹线位置0.5mm左右。

（5）铺设前，核对室内净空尺寸是否与图纸标示相符，然后根据图纸的编号核对管道位置，通过缺口相对应的规则依次铺设模块，铺设模块时，架空模块后应及时用模块连接扣件固定所铺模块和上一模块的连接边，并用螺丝锁定，然后再铺设下一模块。将该区域最后一块模块安装好后，仔细调整水平高度。

（6）水平高度调整好后，使用布基胶带封堵孔缝。

（7）依据图纸进行地板预排，核对部品编号、规格等信息。

图5.4.4　整理架空模块

图5.4.5　模块铺设

（8）铺设地板，每块地板铺设前应使用美工刀清理地板两侧凹槽，防止有杂物落入。在地板背面使用少量硅酮（聚硅氧烷）结构胶打点，保证地板四角及中心有胶点，再按预排部位粘贴在基层面上。在工字形铝型材背面每间隔300mm使用硅酮（聚硅氧烷）结构胶设置胶点，插入地板侧边凹槽内。

（9）地板铺设完成后，铺设踢脚线。踢脚线背面每间隔150mm设置胶点，按顺序粘贴在墙板上，在阴角、阳角处使用专用踢脚线阴角套和阳角套连接。

（10）使用吸尘器对施工工作面进行清理，确保施工工作面没有杂物。对已完成的墙板采取有效保护措施。

5.4.5　注意事项

架空地面系统每平方米静荷载极限为1.0t，码放物品时请勿超过此质量。

5.5　集成卫浴部品施工

整体卫浴安装（教学视频）

集成卫浴（图5.5.1）由工厂加工生产、现场组装而成，它采用一体化的防水底盘或浴缸和防水底盘组合，一体化洁具组合、壁板、顶板构成的整体框架，配上各种功能洁具形成的独立卫生单元，具有淋浴、盆浴、洗漱、便溺四大功能。

图5.5.1　集成卫浴

5.5.1　部品构成

集成卫浴部品由干式工法的防水防潮构造、排风换气构造、地面构造、墙面构造、吊顶构造以及陶瓷洁具、电器、功用五金件构成，其中技术难点是防水防潮构造。

1. 防水防潮构造

装配式卫浴防水构造由整体防水构造、防潮构造和止水构造三部分组成。集成卫生间墙面四周满铺PE防水防潮隔膜，板缝承插工字形铝型材，同时墙板也具备防水功能，这样可以三重防水。

地面整体防水构造采用热塑复合防水底盘，底盘自带立体返沿，与防潮层、防水墙板形成搭接，底盘颜色和表面凹凸造型可以进行多种选择与设计。

防潮构造是在集成卫浴部品墙板内平铺一层PE防水防潮隔膜，以阻止卫浴内水蒸气进入墙体，PE膜表面形成冷凝水导回到热塑复合防水底盘，协同整体防水防潮构造。

止水构造是集成卫浴收边收口位置采用补强防水措施，具体有过门石门槛、止水橡胶垫、防水胶粒、防水防潮部品。

2. 排风换气构造

排风换气设施主要由两部分构成：一是在卫浴设置排风扇或带有排风功能的浴霸，将卫浴内的气体强制抽到风道；二是卫浴的门下预留30mm空隙，保证补充来自于卫浴外部的空气，避免卫浴内空气负压导致地漏水封功能下降。

3．地面构造

集成卫浴的地面下部设有排水管，保证排水畅通的前提要求是架空空间足够大，在不与居室地面完成面形成高差的目标之内，集成卫浴架空地面要薄且耐久可靠，常采用20mm厚的薄法同层排水型钢架空地面模块。在不降板的情况下，可在最低架空高度120mm实现淋浴、洗衣机、洗脸盆排水管同层排放。地面层可铺贴硅酸钙复合板、地砖、花岗岩等材料。

5.5.2　部品特点

整体卫浴是一种固化规格、固化部品的卫浴，是集成卫浴的一种特殊形式；而集成卫浴范围较大，除具有整体卫浴所有的特点之外，还突出呈现出尺寸、规格、形状、颜色、材质的高度定制化特征，同时，还因材质真实感强，与用户习惯的瓷砖、大理石、马赛克有同样的质感、光洁度，甚至触感、温感，能够使用户体验良好。相较传统湿作业的卫生间，集成卫浴采用干法作业，成倍缩短装修时间，突出的特点是连接构造可靠，能够彻底规避湿作业带来的地面漏水、墙面返潮、瓷砖开裂或脱落等质量通病。与传统装修比较，集成卫浴整体减重超过67%。

5.5.3　施工流程

集成卫浴设计时应与整体浴室制作厂家对接，确认整体卫浴的尺寸、布置，自来水、热水、中水、排水、电源、排气道的接口，并将接口对结构构件的要求（如管道孔洞、预埋件等）设计到构件制作图中。

施工流程：施工准备→整体卫浴选型→管线预埋预留→整体卫浴进场验收→整体卫浴间组装→卫浴内部设施安装→外部水电对接→系统调试→竣工清理。

1．施工准备

集成卫浴施工之前，应做好以下现场准备：场地清理，确定材料垂直运输路线、水平运输路线通畅，确定材料堆放场地布置合理。

熟悉施工图纸与现场，做好图纸、技术、安全交底。

集成卫浴部品体系主材包括热塑复合防水底盘、PE防水防潮隔膜。辅材包括硅铜结构密封胶、止水钉型胀塞、止水胶垫、磷化自攻螺钉、十字平头燕尾螺钉、蛇胶等。所使用的工具包括充电电批、结构胶枪、红外线水平仪、卷尺、美工刀、吸尘器、冲击钻等。

2. 整体卫浴选型

不同卫生器具组合的整体卫生间安装最小尺寸应满足规范要求，测量卫生间尺寸与整体卫浴尺寸是否相吻合，确定各区域大小与装饰风格等。选购时，首先应想到配套产品，整套产品的各个部件、配件，都应处在同一档次水平；配套产品造型风格、色调必须与卫生间装饰风格相匹配，这样才能和谐美观。

3. 管线预埋预留

根据所选整体卫浴样本确定预留排水管道、给水管道、电气线路安装位置、排气管路预留位置和安装标高。排水管道要考虑坡度要求；排气管道尽可能靠近排风井，管道尽量短、少绕弯，减少阻力；电气线路主要根据产品样本确定接线箱位置，应符合《建筑电气工程施工质量验收规范》（GB 50303—2015）的要求，确定进线电线电缆规格。图5.5.2所示为整体卫浴管道位置图。

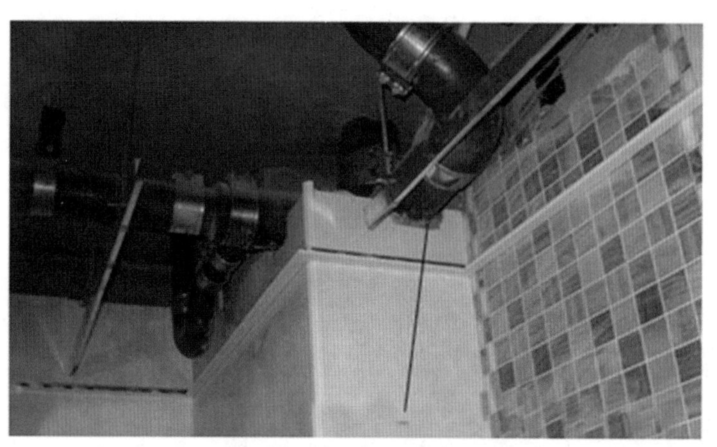

图5.5.2　整体卫浴管道位置

3. 整体卫浴进场验收与卫浴组装

打开整体卫浴包装进行进场检验，根据装箱清单清点相关组件是否齐全。在组装前，认真学习产品组装说明书，熟悉组装流程，按照产品说明书进行组装，先组装整体卫浴间，包括底板、壁板和顶板，做到接缝对接严密，连接可靠。再进行卫浴间内洁具（如浴缸、洗手盆、坐便器、地漏等）的安装，对接洁具上水和下水并检查工作是否正常，排水是否通畅。最后安装换气扇、毛巾架、镜子等配件，确保满足相关规范要求。

4. 电气系统安装

将外部线路与整体卫浴进行压接，压接前进行卫浴间内线路绝缘测试，包括插座、浴霸、换气扇等；进行外部系统送电测试，检测插座相序、浴霸及换气扇工作是否正常。

5. 检查整体卫浴地面（图5.5.3）渗漏情况

对地面进行闭水试验，将地面上地漏进行封堵，然后注水测试，观察液位是否发生变化，应做到不渗不漏。

图5.5.3 整体卫浴地面

整体卫浴设计应方便使用、维修和安装；所有构件、配件的结构应便于保养、检查、维修和更换，卫生间的建筑设计空间与整体浴室的最小安装尺寸相配套。整体卫浴的开门方向必须与建筑卫生间的开门方向相一致。整体浴室有管道的一侧应与建筑卫生间管道井的位置相一致；设计中为明卫生间时，应与产品供应商协商，做好整体浴室开窗和配件位置的调整；为暗卫生间时，建筑应配备具有防回流、防串气的共用排气道。整体卫浴应预留安装排气设备的位置，并与共用排气道的排风口相对应。整体卫浴地面应安装地漏，地漏水封深度不小于50mm，并采取防滑措施，清洗后地面无积水。

整体浴室内易锈金属件不应裸露，必要时应做防锈处理；各类电器系统应做好防水处理；整体浴室的采暖方式和热水系统供应方式要结合具体工程做相应处理；整体浴室的门要具备在意外时可从外部开启的功能。

5.6 集成厨房部品施工

5.6.1 部品构成

集成厨房安装
（教学视频）

集成厨房（图5.6.1）部品是由地面、吊顶、墙面、橱柜、厨房设备及管线等通过集成、工厂生产、干式工法装配而成的厨房，重在强调厨房的集成性和功能性。集成厨房墙面、吊顶、地面同前面相关内容所述相同。橱柜、电器、功用五金件等都是通用的工业化供应部品，可以采用广泛接口，并不需特制，此处不再赘述，这里重点关注排烟构造和吊柜加固构造。

图5.6.1　集成厨房

1. 排烟构造

装配式装修的集成厨房一般不再设置室内排烟道，采用二次净化油烟直接通过吊顶内铝箔烟道排出室外。为避免倒烟，在外围护墙体上装不锈钢风帽，同时配置90%以上净化率的排油烟机是关键控制点。

2. 吊柜加固构造

由于装配式装修的集成墙面有架空层，对于超过15kg的厨房吊柜需要预设加固横向龙骨，龙骨能够与结构墙体或者竖向龙骨支撑体连接。对于排油烟机、热水器等大型电器设备，在结构墙体或者竖向龙骨支撑体上应预埋加固板。

5.6.2　部品特点

集成厨房更突出空间节约，表面易于清洁，排烟高效；墙面颜色丰富，耐油污，减少接缝，易打理；柜体一体化设计，实用性强；台面采用石英石，适用性强、耐磨；排烟管道暗设在吊顶内；采用定制的油烟分离烟机将油烟直排室外，排烟更彻底，无须风道，可节省空间；柜体与墙体上预埋挂件；整体厨房全部采用干法施工，现场装配率100%；吊顶实现快速安装；结构牢固、耐久且平整度高，易于回收。

5.6.3　施工流程

集成橱柜安装（图5.6.2）宜在墙、地面装饰施工及各种管线安装完成后进行。橱柜安装应按设计要求的品种、规格、数量和位置设置预埋件或后置埋件。有底座的橱柜应先安装底座，调整水平后固定，再安装上部柜体。

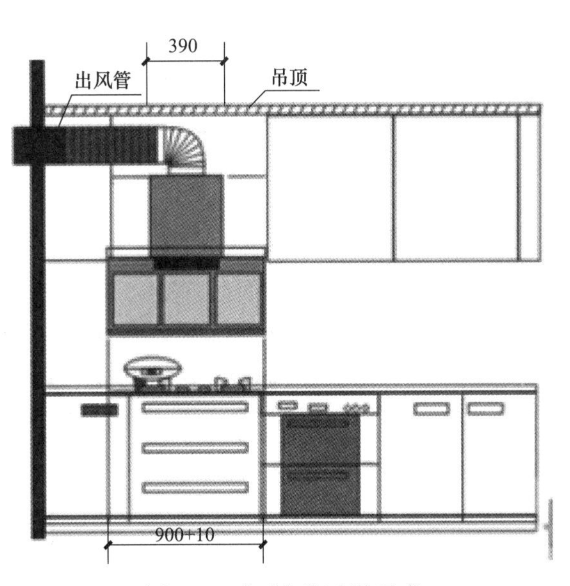

图5.6.2　集成橱柜安装示意

具体施工流程如下：配料→划线→榫槽及拼板施工→组装→线脚收口。

1．配料

配料应根据家具结构与木料的使用方法进行安排，主要分为木方料的选配和胶合板下料布置两个方面。

2．划线

划线前要备好量尺、木工铅笔、角尺等，应认真查看图纸，清楚理解工艺结构、规格尺寸和数量等技术要求。

3．榫槽及拼板施工

榫的种类主要分为木方连接榫和木板连接榫两大类，但其具体形式较多，分别适用于木方和木质板材的不同构件连接。

4．组装

木家具组装分为部件组装和整体组装。组装前，应将所有的结构件用细刨刨光，然后按顺序逐渐进行装配；装配时，注意构件的部位和正反面。

5. 线脚收口

采用木质、塑料或金属线脚（线条）对家具进行装饰并统一室内整体装饰风格的做法，是当前比较广泛的一种装饰方式。

集成橱柜安装的允许偏差和检验方法见表5.6.1。

表5.6.1 集成橱柜安装的允许偏差和检验方法

项次	项目	允许偏差/mm	检验方法
1	外形尺寸	3	钢尺检查
2	立面垂直度	2	垂直检测尺检查
3	门与框架的平行度	2	钢尺检查

知识拓展 

质检员的现场目测是质量检查的一种主要方法，其涉及的范围可以很广，能在一天内发现许多可能的质量通病或质量低劣的征兆。虽然有些目测检查结果不能作为质量的正式判定依据，但对这些部位进行进一步检验，及早解决工程的质量问题，对施工非常有利。

经验丰富的质检员，在觉察缺陷与不符合操作工艺的方面往往具有敏锐的鉴别力，具有观察、记录并报告所见的操作工艺的习惯和洞察力。通过观察颜色、判断表面状况，能用简单卷尺测量、步距测量检查压实过程，可发现施工过程中存在的问题。

在施工过程中，应有计划地巡视工地各个部分，每天对全部工程巡视一次，当发现某些点的质量明显较差时，先指导操作者改善后再做全面检查，一般挑选质量较差的点进行取样抽查。技术负责人或质检员应做好检查和巡视的记录和个人日记。

学习参考 

登录www.abook.cn网站，搜索本书，下载相关学习参考资料。

小 结

装配式建筑的一个特点是将建筑设计、施工、装修、运维一体考虑，本模块中装配式装修是一个重要组成部分。装配式装修主要采用干式工法装配、管线与结构分离、部品集成定制，其兴起和发展与建筑工业化同步。本模块重点介绍了隔墙、吊顶、架空地面、集成卫浴、集成厨房等主要部品安装施工和质量检验等内容。

实践　整体卫浴安装

【实践目标】

1. 了解传统卫浴和整体卫浴的区别。
2. 熟悉整体卫浴安装方法及要点。

【实践要求】

1. 掌握整体卫浴安装的各种尺寸要求。
2. 熟悉整体卫浴安装流程。

【实践资源】

1. 管线实训室。
2. 可拆卸整体卫浴。
3. 扳手等小工具。

【实践步骤】

1. 布置整体卫浴安装实训任务。
2. 学生分组（3～4人一组，选组长1名）。
3. 安装步骤：

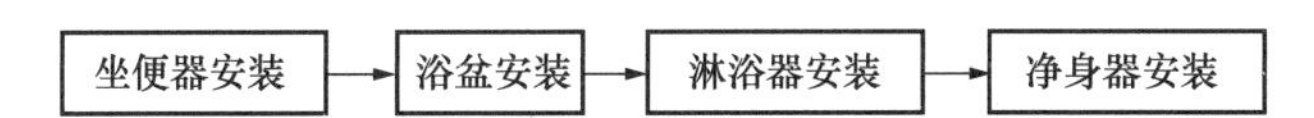

4. 打扫实训室卫生，各类工具归类放好。

【上交成果】　每组上交一份1500字左右实训报告，详细记录安装过程。

习　题

1. 下面不是干式工法装配优点的是（　　）。
   A. 缩短装修工期　　B. 保证施工质量
   C. 有利于翻新维护　　D. 降低装修造价
2. 下面不属于管线与结构分离做法的是（　　）。
   A. 设置管道井　　B. 管线预埋混凝土墙
   C. 给排水管线置于双层楼板内　　D. 管线架置于楼板下天棚上
3. 下列不属于装配式装修的优势的是（　　）。
   A. 节约原材料　　B. 质量稳定　　C. 体现个性　　D. 提高效率

4. 下列关于部品概念阐述正确的是(　　)。

A. 材料构成部品　　B. 一个部品形成一个功能单元

C. 厨房台面是一个部品　　D. 设备与管线系统是部品

5. 装配式装修的效率优势所包括的因素有(　　)。

A. 采用干法施工　　B. 采用集成部品

C. 标准化拼装　　D. 现场快速裁切

6. 隔墙安装允许偏差和检验方法正确的是(　　)。

A. 立面垂直度用拉线检查　　B. 表面平整度允许偏差是3mm

C. 接缝高低差允许偏差为2mm　　D. 阴阳角方正用塞尺检查

7. 架空地面施工前必须完成的工作是(　　)。

A. 吊顶湿作业完成　　B. 隔墙安装完毕

C. 地面水电管安装　　D. 墙面水电管安装

8. 构成集成卫浴系统的是(　　)。

A. 干式工法的防水防潮构造　　B. 排风换气构造

C. 陶瓷洁具　　D. 吊顶构造

9. 整体卫浴安装时，错误的是(　　)。

A. 卫浴门应保证密闭性良好

B. 排气管道尽可能靠近排风井，管道尽量短、少绕弯，减少阻力

C. 将外部线路与整体卫浴箱压接前进行卫浴间内线路绝缘测试

D. 整体浴室地面地漏水封深度不小于50mm

10. 整体厨房设计安装错误的是(　　)。

A. 整体厨房设计时重点应关注排烟构造、吊柜加固构造

B. 超过30kg的厨房吊柜需要预设加固横向龙骨

C. 有底座的橱柜应先安装底座，调整水平后固定，再安装上部柜体

D. 橱柜的门与框架的平行度应用钢尺检查，偏差在2mm以内

习题参考答案

模块1

1．A　2．C　3．D　4．B　5．C　6．C
7．A　8．A

模块2

1．C　2．B　3．A　4．B　5．C　6．A
7．C　8．C　9．B　10．A

模块3

1．A　2．C　3．D　4．D　5．B　6．C
7．A　8．C　9．A　10．D　11．D　12．B

模块4

1．A　2．D　3．C　4．A　5．D　6．C
7．D　8．C　9．D　10．B　11．D　12．C

模块5

1．B　2．B　3．C　4．B　5．ABC　6．B
7．ACD　8．ABCD　9．A　10．B

装配式混凝土建筑施工课程复习（教学视频）

参 考 文 献

巴赫曼，施坦勒，2016．预制混凝土结构［M］．北京：中国建筑工业出版社．

北京市住房和城乡建设委员会，北京市质量技术监督局，2013．装配式混凝土结构工程施工与质量验收规程（DB11/T 1030—2013）［S］．北京：中国建筑工业出版社．

陈力，金星，王荣标，等，2015．叠合板式混凝土剪力墙结构工程施工问题及对策研究［J］．施工技术，44（16）：57-59．

方霞珍，2015．高层住宅装配整体式混凝土结构的施工与组织［J］．建筑施工，37（3）：318-320．

侯君伟，2015．装配式混凝土住宅工程施工手册［M］．北京：中国建筑工业出版社．

济南市城乡建设委员会建筑产业化领导小组办公室，2015．装配整体式混凝土结构工程施工［M］．北京：中国建筑工业出版社．

蒋勤俭，2010．国内外装配式混凝土建筑发展综述［J］．建筑技术，41（12）：1074-1077．

李杰，2012．承重预制混凝土叠合剪力墙PCF体系的施工技术［J］．结构施工，34（4）：314-316．

麦俊明，杨豹，2014．预制装配式混凝土建筑发展现状及展望［J］．广东建材，30（1）：72-73．

上海市建筑建材业市场管理总站，2010．装配整体式住宅混凝土构件制作、施工及质量验收规程（DG/TJ 08-2069—2010）［S］．上海市定额站．

石帅，王海涛，王晓琪，2014．预制装配式结构在建筑领域的应用［J］．施工技术，43（15）：16-29．

孙传彪，叶乃阔，2011．叠合板式混凝土剪力墙施工技术控制要点［J］．安徽科技（9）：46-47．

田庄，2015．装配整体式混凝土结构工程施工［M］．北京：中国建筑工业出版社．

王岑元，2006．建筑装饰装修工程水电安装［M］．北京：化学工业出版社．

王军强，2015．新型装配整体式混凝土结构施工技术［J］．四川建筑科学研究，41（1）：31-34．

杨嗣信，2005．建筑装饰装修施工技术手册［M］．北京：中国建筑工业出版社．

尹衍梁，詹耀裕，黄绸辉，2012．台湾地区润泰预制结构施工体系介绍［J］．混凝土世界（7）：42-52．

张倩，2007．室内装饰材料与构造教程［M］．重庆：西南师范大学出版社．

赵秋萍，胡延红，刘涛，等，2016．某工程全装配式混凝土剪力墙结构施工技术［J］．施工技术，45（4）：52-55．

中国建筑科学研究院，2011．混凝土结构工程施工规范（GB 50666—2011）［S］．北京：中国建筑工业出版社．

住房和城乡建设部，2016．装配式混凝土建筑技术标准（GB/T 51231—2016）［S］．北京：中国建筑工业出版社．

住房和城乡建设部住宅产业化促进中心，2015．装配整体式混凝土结构技术导则［M］．北京：中国建筑工业出版社．